Frontiers in Physics 22

相関電子と
軌道自由度

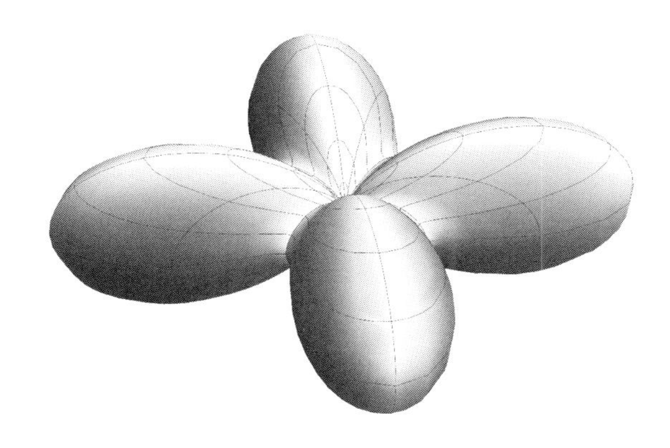

石原純夫［著］

基本法則から読み解く **物理学最前線**

須藤彰三
岡　　真［監修］

共立出版

刊行の言葉

近年の物理学は著しく発展しています．私たちの住む宇宙の歴史と構造の解明も進んできました．また，私たちの身近にある最先端の科学技術の多くは物理学によって基礎づけられています．このように，人類に夢を与え，社会の基盤を支えている最先端の物理学の研究内容は，高校・大学で学んだ物理の知識だけではすぐには理解できないのではないでしょうか．

そこで本シリーズでは，大学初年度で学ぶ程度の物理の知識をもとに，基本法則から始めて，物理概念の発展を追いながら最新の研究成果を読み解きます．それぞれのテーマは研究成果が生まれる現場に立ち会って，新しい概念を創りだした最前線の研究者が丁寧に解説しています．日本語で書かれているので，初学者にも読みやすくなっています．

はじめに，この研究で何を知りたいのかを明確に示してあります．つまり，執筆した研究者の興味，研究を行った動機，そして目的が書いてあります．そこには，発展の鍵となる新しい概念や実験技術があります．次に，基本法則から最前線の研究に至るまでの考え方の発展過程を“飛び石”のように各ステップを提示して，研究の流れがわかるようにしました．読者は，自分の学んだ基礎知識と結び付けながら研究の発展過程を追うことができます．それを基に，テーマとなっている研究内容を紹介しています．最後に，この研究がどのような人類の夢につながっていく可能性があるかをまとめています．

私たちは，一歩一歩丁寧に概念を理解していけば，誰でも最前線の研究を理解することができると考えています．このシリーズは，大学入学から間もない学生には，「いま学んでいることがどのように発展していくのか？」という問いへの答えを示します．さらに，大学で基礎を学んだ大学院生・社会人には，「自分の興味や知識を発展して，最前線の研究テーマにおける“自然のしくみ”を理解するにはどのようにしたらよいのか？」という問いにも答えると考えます．

物理の世界は奥が深く，また楽しいものです。読者の皆さまも本シリーズを通じてぜひ，その深遠なる世界を楽しんでください．

須藤彰三
岡　真

まえがき

“軌道”とは日常でもよく耳にする馴染みのある言葉である．天体や野球のボールについて用いられるときにはそれらの運動の経路を意味し，鉄道や人生，生活について用いられる場合はあらかじめ設けられたレールを指すことが多い．電子について使われる“軌道”の概念は日常から少々かけ離れた量子力学により確立したものであるが，いまや高校の教科書でも紹介されている．現在では物理学，化学，電子工学の分野においてはもちろん，生物学や薬学を学ぶ者にとっても必須の概念となっている．

本書は，電子間に強い相互作用のある固体における軌道自由度についてまとめたものである．大学の量子力学や量子化学の講義では，原子に束縛された電子は様々な形の軌道をとることを習う．原子が規則的に配列した固体では強い電子間相互作用により軌道自由度が顕わになり，系の磁性，誘電性，光物性，結晶構造などの多くの物性現象を支配している．

本書はこれから研究を始めようとしている物理学，物理工学，化学，マテリアル工学などを専攻する学部 3, 4 年生から，大学院生，さらに最先端の研究者までを対象としている．本シリーズの刊行の言葉にある「大学初年度で学ぶ程度の物理の知識をもとに，基本法則から始めて，物理の概念の発展を追いながら最新の研究成果を読み解く」ことを十分意識して，解説の随所で量子力学，統計力学や初等固体物理学に戻って記述した．これらに加えて群論の基礎知識が多少あると内容をより理解することができるであろう．“最前線”シリーズの一冊としてはすでに確立した内容が占める仕上がりとなったが，これは軌道物理学の研究は古くて新しいテーマであり，最先端のテーマといえど過去の研究を知らないとその意義もおもしろさも理解できないと考えるからである．また歴史的な記述を所々交えたが，これは確立した事項をきれいに並べるのではなく研究のダイナミクスを知っていただきたいという思いとともに，オリジナリティに敬意を示すためである．この研究分野においては我が国の多数の研究者が大きな貢献をしているにもかかわらず，軌道物理に内容を絞った和書はあまり見当たらない．現段階で研究の過去を振り返り現況をまとめておくのも意味があることかもしれない．

本書の第 1 章では軌道物理についてそのおもしろさを概観し，続く第 2, 3 章では軌道物理を学ぶうえで必要な初歩的な量子力学や初等固体物理学をまとめた．第 4, 5 章では固体の様々な軌道模型と軌道秩序について記した．第 6, 7 章では固体中の軌道秩序や軌道励起を観測する実験手法について触れた．最後の第 8 章ではここ数年で展開された軌道物理学の最近の発展と話題について紹介した．参考文献は巻末にまとめたが，本書の全般に関する代表的な書籍として [1–13] を挙げるので，併せて参考にしていただきたい．

物質科学の基礎研究においては，多様性 (diversity) と普遍性 (universality) が一体となり車輪の両輪のように回ることが極めて重要である．軌道物理の話題はそのテーマの性質から，ややもすると個々の物質に特化した各論となりがちである．本書ではこれを少し抑え，軌道自由度固有の特徴である "方向性の物理" や "局所対称性と保存量の物理" を強調する理論的視点から記述を試みた．

本書で紹介した内容は東北大学大学院理学研究科における大学院講義，ならびに東京大学，千葉大学，名古屋大学，大阪大学，岡山大学の各大学院における集中講義に基づいている．また本書で紹介した内容で著者が携わった研究は，多くの方々との共同研究の賜物である．特に，長年の共同研究と本書の内容に関して貴重なご意見をいただいた中惇氏 (早稲田大学)，那須譲治氏（横浜国立大学）ならびに岩井伸一郎先生（東北大学）に感謝する．さらに著者をこの分野に導いてくださった前川禎通先生（理研，元東北大学)，井上順一郎先生（元名古屋大学)，永長直人先生（理研，東京大学)，十倉好紀先生（理研，東京大学)，遠藤康夫先生（元東北大学)，村上洋一先生（高エネ研）にこの場をお借りして感謝を申し上げる．最後となってしまったが，本書の執筆の機会を与えていただいた須藤彰三先生（東北大学)，岡真先生（J-PARC，元東京工業大学）ならびに出版に携わっていただいた島田誠氏（元共立出版)，高橋萌子氏（共立出版）に御礼を申し上げる．

本書がきっかけとなり読者がこの分野の研究に興味を持っていただければ著者として本望であり，またこれまで多くの方々から受けた御恩をお返しできたのではないかと思う．

令和二年2月

石原純夫

目　次

第1章 軌道自由度と物性物理

1.1 相関電子系の軌道物理のおもしろさ

固体中の電子が複数の電子軌道をとりうる場合，これは軌道自由度とよばれる．本書では特に強相関電子系とよばれる電子間に強い相互作用が働く系において，軌道自由度がもたらす様々な物性現象を紹介する．軌道自由度の最も簡単な例は，孤立した水素原子において方位量子数 l が 1 以上の場合に生じる $2l+1$ 重に縮退した状態に見られる．$l=1$ の (p_x, p_y, p_z) 軌道や $l=2$ の $(d_{yz}, d_{zx}, d_{xy}, d_{x^2-y^2}, d_{3z^2-r^2})$ 軌道はその一例である．本書で主な対象とする $3d$ 軌道の模式図を図 1.1 に示した（詳細については 2.1 節を参照）．これは電子の存在確率や電荷分布の空間的異方性に相当する．原子における軌道自由度の概念は，分子における分子軌道や結晶の単位格子に含まれる複数の原子にまたがった軌道に拡張することができ，より一般的には電子の多極子自由度として統一的に捉えることができる．座標 $\mathbf{r}$ において電荷の空間分布 $\rho_e(\mathbf{r})$ が与えられたとき，l 次の電気多極子（電気 2^l 極子）は

$$Q_m^{(l)} = \int d\mathbf{r} \rho_e(\mathbf{r}) r^l \sqrt{\frac{4\pi}{2l+1}} Y_{lm}(\theta, \phi) \tag{1.1}$$

で与えられる [14–16]．ここで $Y_{lm}(\theta, \phi)$ は球面調和関数であり，(r, θ, ϕ) は $\mathbf{r}$ の極座標である．また，l は 0 または正の整数，m は $-m \leq l \leq m$ の整数をとる．上式は任意の電荷分布を球面調和関数で展開したことに相当する．l 次の電気多極子は $(-1)^l$ のパリティーをもつため，空間反転対称性のある系においては l が偶数の場合のみが有限の値をもち，$l=1$ は電気双極子（電気分極），$l=2$ は電気四極子である．磁荷分布 $\rho_m(\mathbf{r})$ が与えられたとき磁気多極子も同様に定

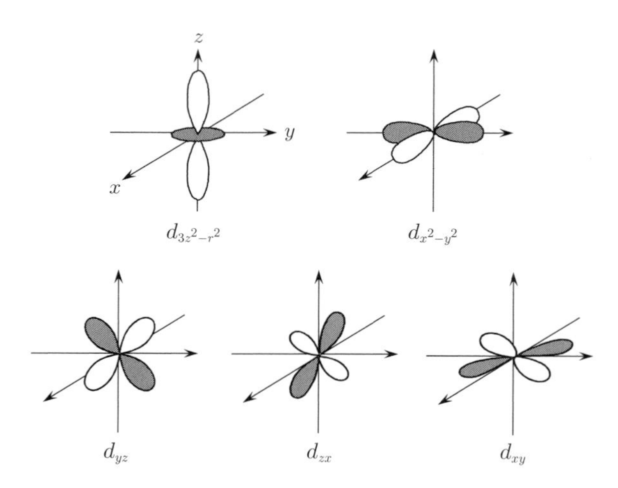

図 1.1　d 軌道の極座標図の模式図.

義することができる．本書で取り扱う多くの例は電気四極子に相当し，必要に応じて磁気八極子などの高次の多極子についても紹介する．

次章からの軌道自由度に関する本格的な記述に入る前に，本章では物性物理における軌道自由度の役割やそのおもしろさについて概観する．

(1) 物性現象の舞台・素材としての軌道

軌道自由度は電子波動関数の形状の自由度であり，電子の電荷分布やスピン分布の形状は必然的にこれに従う．このために固体中の物性現象全般にわたり軌道自由度はその空間的な“舞台と素材”を与える．以下では，これについて少し詳しく触れることにしよう．

磁性：磁気秩序の起源となるスピン間の交換相互作用は磁性イオンの軌道波動関数に大きく依存する．後述のように軌道縮退のない磁性絶縁体の交換相互作用は多くの場合で反強磁性となることがよく知られているが，軌道自由度のあるイオンではしばしば強磁性相互作用となる．軌道秩序とよばれる軌道の長距離秩序が生じると，交換相互作用の符号と強度が異方的となる．$KCuF_3$ の結晶構造は3次元的なペロフスカイト型結晶であるが，軌道秩序のために z 方向に強い相互作用をもつ擬1次元的反強磁性が実現する．軌道自由度の揺らぎは交換相互作用の揺らぎを与えるため，低温まで磁気秩序が実現しないスピン液体現象の一起源として，その可能性が検討されている．

超伝導：銅酸化物高温超伝導体では銅イオンの $d_{x^2-y^2}$ 軌道における電子とスピンにより超伝導が出現する．そこでは磁性と伝導の強い 2 次元性が重要であるが，これは $d_{x^2-y^2}$ 軌道の波動関数が xy 平面内に伸びていること，電子が z 方向に遷移できないことで xy 平面内に閉じ込められていることに起因しており，軌道自由度は 2 次元系としてのよい舞台を与えている．よく知られているように，通常の超伝導体では結晶格子の揺らぎ (フォノン) により電子対が形成される．近年，電子の自由度に由来した引力相互作用が盛んに研究されているが，鉄ヒ素超伝導体では鉄の $3d$ 軌道の揺らぎによる電子対形成の可能性が議論されている．また分子性固体 K_3C_{60} などでは，分子軌道の自由度や Jahn-Teller 効果が超伝導の電子対形において重要であるとの見方がなされている．

伝導現象：一般にイオン間の電子遷移は軌道波動関数が支配している．$d_{x^2-y^2}$ 軌道や d_{xy} 軌道では z 方向の電子遷移が大きく抑制される．これはエネルギー・バンド構造や状態密度の形状を決定し，電子の伝導現象に影響を与える．ペロフスカイト型マンガン酸化物では軌道秩序の出現により電気伝導の異方性が大きく変化するが，これはその一例である．また軌道自由度の存在は新たなエントロピーの起源となり，その流れである Seebeck 効果に大きな寄与をすることがコバルト酸化物において議論されている．

結晶格子: 電子軌道に縮退のある分子においては Jahn-Teller 効果により分子変形が自発的に生じる．結晶格子における類似現象は協力的 Jahn-Teller 効果とよばれ，結晶の巨視的な変形，構造相転移や強弾性転移をもたらす．軌道の秩序や揺らぎは局所的にも大きな格子変位を誘起し，電子構造や磁性に大きな影響を与える．

(2) 量子力学的自由度としての軌道自由度

第 4 章で紹介するように，2 重縮退した e_g 軌道の自由度は大きさ 1/2 の擬スピン演算子で記述できる．その大きさと演算子の非可換性から量子的に大きな軌道揺らぎが期待される．これは低温における軌道秩序の出現を阻害し軌道液体状態の可能性を与える．また軌道秩序状態においては集団軌道励起として系を伝播する励起モードが出現する．軌道自由度はスピンや格子と量子力学的なエンタングルメント状態を形成し，スピン系や格子系に対して対称性の低下を抑制する．また軌道揺らぎは電子，フォノン，マグノンなどの（準）粒子の散乱や緩和の起源となる．

(3) 多極子としての軌道自由度

軌道自由度は一般的には電気・磁気多極子として捉えることができ，（強）磁性，（強）誘電性，（強的）軌道配列 (もしくは（強）弾性) を統一的に理解することが可能となる．またこれらの自由度が結合することで，交差相関効果として知られるマルチフェロイクスの起源となる．電気四極子を超えた高次の多極子は実験的観測が困難であることからしばしば "隠れた自由度" として捉えられる．その長距離秩序の出現は比熱などの熱力学量に異常をもたらす一方で，種々の電気的・磁気的測定には顕著な特徴が表れないことがある．

(4) 軌道フラストレーション効果

方向性の自由度である軌道自由度は，結晶格子上でしばしば特徴的なフラストレーション効果をもたらす．単純立方格子上の3種類の最近接ボンドのような，結晶格子に等価な複数のボンドがある場合を考えよう．x 方向の最近接ボンドでエネルギーが最低となる軌道配列が考えられるが，この配列は y 方向や z 方向のボンドでエネルギーが最低になるとは限らない．これは三角格子上のスピン模型で知られるフラストレーション効果と同様な効果であり "軌道フラストレーション効果" とよばれる．軌道縮退系には幾何学的フラストレーションがない結晶格子においてもフラストレーション効果が内在していることを意味している．これは本書のひとつの主題であり，第4章ならびに第5章で詳しく解説する．

(5) 実験的な軌道観測手法

電子のスピン自由度を観測する手法として帯磁率，核磁気共鳴法，電子スピン共鳴法，中性子散乱法などの様々な測定法が確立しているのに対して，電子の軌道自由度を観測する測定手法は限られている．軌道自由度はしばしば結晶格子と強く結合することから，結晶構造や格子変形，その揺らぎを観測することで軌道構造や軌道揺らぎを推測することがなされているが，これは直接的な観測とは言い難い．理論計算と直接比較でき，解釈の簡便な実験手法が軌道物理の進展において不可欠であり，我が国で発展した偏極中性子回折法や共鳴X線散乱法は大きな進展をもたらした．これについては本書の第6章と第7章で詳しく紹介する．近年の大型放射光施設やパルス中性子施設の建設により，この分野のさらなる進展が期待できる．

1.2 歴史的なこと

原子や分子に束縛された電子の運動について量子力学的な意味で初めて“Orbital”という言葉を使用したのは，分子軌道法でノーベル化学賞を取ったMullikenであるといわれている [17]．これは惑星の運動のような電子の古典的な軌道 (Orbit) と区別するために，波動関数の確率分布として記述される電子の運動と形態について「軌道のようなもの」と表現したと想像される．もちろんその背景には原子に対する2つの対立する模型—Thomson 模型と Nagaoka-Rutherford 模型—やこれを解決した Bohr 軌道の考えにさかのぼることができる．

固体における d 軌道や f 軌道の自由度の研究は，これまでいくつかの歴史的経緯を経て発展してきた．第1の研究の流れは1950年代から60年代にかけてのものである．ここではスピン間交換相互作用における軌道自由度の効果（Goodenough-Kanamori 則）や Hubbard による金属絶縁体転移における軌道縮退効果（いわゆる Hubbard の第2論文），また Kanamori 等による協力的 Jahn-Teller 効果による強弾性転移の研究などが挙げられる．Kotani-Tanabe-Sugano-Kamimura 等による配位子場の理論は，固体中の軌道自由度を考えるうえで欠くことのできない基礎を与えた．これらの研究により磁性，結晶構造，光物性などの諸物性における軌道自由度の役割の基礎が築かれたが，そこでは我が国の研究者が大きな寄与を果たした．典型的な軌道模型として今日広く用いられている Kugel-Khomskii 模型はこの研究の流れのなかで1970年代初頭に導出された．

軌道自由度の物理が再び脚光を浴びたのは，高温超伝導ブームを経て1990年代のマンガン酸化物における超巨大磁気抵抗効果の研究がきっかけとなった．銅酸化物超伝導体は単一軌道 ($d_{x^2-y^2}$ 軌道) を対象としたHubbard模型や $t-J$ 模型により，よく記述される．このため，その対比としての d 軌道の自由度とその物性が大きな注目を集めた．高温超伝導研究で大きく発達した様々な実験技術，多体理論解析手法が大いに活躍することで，特に量子力学的自由度としての軌道自由度の研究が進展し，軌道液体状態，スピン・軌道エンタングルメント状態，集団励起としての軌道波などの概念が確立した．また共鳴X線散乱法が軌道自由度を観測する手段として用いられ，この分野の実験研究が大きく進展した．また d 電子系の精力的な研究の流れと前後して，f 電子系の多極子秩序の研究がCe化合物を中心に進められた．

2000年代後半からの軌道物理研究は，このような流れのなかで第3の研究フェーズとして捉えられる．軌道自由度はトロイダル・モーメントを含めた一般的な電気磁気多極子の一形態として認識され，系の時間・空間反転対称性と関連させて複合秩序や交差相関現象が統一的に捉え直されている．これは強磁性・強誘電性・強弾性が共存するマルチフェロイクスや，これを利用したスピントロニクスの研究分野に大きな影響を与えている．また，スピン軌道相互作用に着目したスピン軌道自由度の研究が $4d, 5d$ 軌道自由度をもつ遷移金属化合物で盛んとなり，これは2003年に数理模型として提唱されていたKitaev模型の研究と結びついた．単一の原子における電子軌道自由度の概念は拡張され，励起子絶縁体や分子性固体の研究に対象が広がっている．さらには，鉄ヒ素超伝導体や銅酸化物超伝導体のネマティック状態とよばれる状態は，一種の軌道物理として捉えられ発展している．

第2章 相関電子における軌道自由度

結晶内の電子は様々なスケールの相互作用を受けて複雑な量子力学的運動をする．我々が特に興味があるのは，およそ 0.01 eV 程度のエネルギーで生じる磁性現象や伝導現象から 1 eV 程度のエネルギー領域における光学特性である．これらを取り扱うには，まず大きなスケールの相互作用から出発して次第に低エネルギー領域の相互作用に焦点を絞る必要があり，これは物理学において広く用いられる階層性や繰り込みの概念に通じる．本章では軌道物理を担う構成要素である「孤立イオンにおける多電子状態」について量子力学の基礎から解説する．ここでの考察は第 4 章で導入する軌道自由度間の相互作用を考察する基礎となる．初学者のために，多体論を取り扱う理論手法である場の量子論について最後の節に簡単にまとめた．

2.1 孤立イオンの電子軌道

軌道自由度を有する電子の多くは，鉄属イオンの d 軌道や希土類金属イオンの f 軌道を不完全に占有する電子である．これらのイオンはその最外殻が不完全に占有されていることに起因して磁性を示す場合が多く，ここではそれらを“磁性イオン”，磁性や軌道自由度を担う電子をそれぞれ“磁性電子”，“軌道電子”とよぶことにする．固体内の電子には様々な相互作用が働くが，これを孤立イオンの観点から考察すると以下のように分けられる：

(1) 同一磁性イオン内で働く相互作用

(2) 結晶中の他の磁性イオンや陰イオンから働く相互作用

この章では前者に焦点を絞って紹介し，後者に関しては次章以降で説明する．ただし，陰イオンから電子に働く静電ポテンシャル（いわゆる結晶場効果）については前者と一緒に考察するのが便利である．

上記の (1) において電子に働く主要な相互作用とそのエネルギーはさらに以下のように分類できる：

(a) 原子核からの Coulomb 相互作用 (E_R)
(b) 同一磁性イオン内の他の電子から働く Coulomb 相互作用 (E_U)
(c) 周囲の陰イオンからの静電相互作用（結晶場効果）(E_Δ)
(d) スピン軌道相互作用 (E_{so})
(e) 電子格子相互作用 (E_{el})

E_R は Rydberg 定数 R $[= me^4/(2\hbar^2) \sim 13.6\,\mathrm{eV}]$ 程度である．他の相互作用の大小関係はイオンの種類に依存し，特に $3d$ 電子と $4f$ 電子ではその傾向が定性的に異なる．おおまかな大小関係として，$3d$ 電子では $E_R > E_U[10^0{\sim}10^1\,\mathrm{eV}] \gtrsim E_\Delta[10^{-2}{\sim}10^0\,\mathrm{eV}] > E_{so}[10^{-2}{\sim}10^{-1}\,\mathrm{eV}], E_{el}$ であり，また $4f$ 電子では $E_R > E_U[10^0{\sim}10^1\,\mathrm{eV}] > E_{so}[10^{-2}{\sim}10^0\,\mathrm{eV}] > E_\Delta[{\sim}10^{-2}\,\mathrm{eV}] > E_{el}$ が成り立つ．ここでカッコ内は，各エネルギーのおおよそのオーダーを示す．$3d$ 電子と $4f$ 電子の性質の違いは軌道の半径に由来しており，後述する波動関数の動径部分 $|R_{nl}(r)|$ [式 (2.3) 参照] が最大となる r は $4f$ 軌道の場合は $3d$ 軌道の場合に比べて小さい．このため $4f$ 電子では $3d$ 電子と比較して電子間相互作用が大きく，周囲のイオンに由来する結晶場効果が小さい．また式 (2.40) で表されるスピン軌道相互作用定数は $4f$ 電子の場合に，より大きくなる．ただし，8.1 節で紹介するように Co イオンや Fe イオンにおける $3d$ 電子では有効的な電子間 Coulomb 相互作用と結晶場効果が拮抗することがあり，また $5d$ 電子ではスピン軌道相互作用の効果が大きくなることが知られている．以下では，$3d$ 電子に焦点を当てエネルギー・スケールの大きい順にその効果を考察する．

まず原子核と電子間に働く Coulomb 相互作用について考える．孤立イオンに存在する 1 個の電子の Schrödinger 方程式は

$$\left[-\frac{\hbar^2}{2m}\nabla^2 + V(\mathbf{r})\right]\psi(\mathbf{r}) = E\psi(\mathbf{r}) \tag{2.1}$$

であり，電子が受ける有効的な中心力ポテンシャルは

$$V(\mathbf{r}) = -\frac{Z_N^* e^2}{r} \tag{2.2}$$

である．ここで e (< 0) は素電荷，m は換算質量であるが近似的に電子の質量とみなせる．Z_N^* は内殻電子からの遮蔽効果を考慮した原子核からの有効ポテンシャルである．例として Ti^{3+} を考えよう．Ti の原子番号は 22 で，Ti^{3+} の電子配置は $(1s)^2(2s)^2(2p)^6(3s)^2(3p)^6(3d)^1$ である．$1s$ 軌道から $3p$ 軌道の電子が原子核の電荷を完全に遮蔽するものと仮定すると $Z_N^* = 22 - 18 = 4$ となる．現実は内殻軌道電子や同じ殻の他の電子による遮蔽の効果は部分的であり，Z_N^* の値に対して Slater 則とよばれる経験則がしばしば適用される [18]．式 (2.1) は中心力ポテンシャル中の一電子問題で，水素原子中の 1 個の電子の問題と等価である．その固有波動関数は

$$\psi(\mathbf{r}) = R_{nl}(r) Y_{lm}(\theta, \phi) \tag{2.3}$$

となり (r, θ, ϕ) は電子の極座標である．ここで $R(r)$ は $\rho = (2Z_N^* r)/(na_0)$ と Bohr 半径 a_0 $[= \hbar^2/(me^2)]$ を用いて

$$R_{nl}(\rho) = -\left\{ \left(\frac{2Z_N^*}{na_0} \right)^3 \frac{(n-l-1)!}{2n[(n+l)!]^3} \right\}^{1/2} e^{-\rho/2} \rho^l L_{n+l}^{2l+1}(\rho) \tag{2.4}$$

となり，$L_{n+l}^{2l+1}(\rho)$ は Laguerre 陪多項式である．$Y_{lm}(\theta, \phi)$ は球面調和関数であり，これはさらに天頂角と方位角に関する部分に分解できて

$$Y_{lm}(\theta, \phi) = \Theta_{lm}(\theta) \Phi_m(\phi) \tag{2.5}$$

と表される．ここで

$$\Theta_{lm}(\theta) = (-1)^{(m+|m|)/2} \sqrt{\frac{2l+1}{2} \frac{(l-|m|)!}{(l+|m|)!}} P_l^m(\cos\theta) \tag{2.6}$$

ならびに

$$\Phi_m(\phi) = \frac{e^{im\phi}}{\sqrt{2\pi}} \tag{2.7}$$

であり，$P_l^m(\cos\theta)$ は Legendre 陪多項式である．また (n, l, m) はそれぞれ主量子数，方位量子数，磁気量子数とよばれ，$1 \leq n$, $0 \leq l \leq n-1$ ならびに $-l \leq m \leq l$ の関係を満たす整数である．$3d$ 電子は $n = 3$, $l = 2$, $m = (-2, -1, 0, 1, 2)$ に対応する．孤立イオン中の電子のハミルトニアンには 3 次元回転対称性が存在するため，その固有状態は回転群 SO(3) の既約表現で分類できる．それらはよい量子数である角運動量の大きさ l とその z 成分 m でラベル付けされた球面調和関数で記述される．

固体内では系の回転対称性は失われ結晶構造が有する対称性のポテンシャルを受けるため，点群の既約表現を用いるのが便利である．球面調和関数の組合せにより次の実関数

$$\psi_{3z^2-r^2}(\mathbf{r}) = \psi_{n20}(\mathbf{r}) = \sqrt{\frac{15}{16\pi}} R_{n2}(r) \frac{3z^2 - r^2}{\sqrt{3}r} \tag{2.8}$$

$$\psi_{x^2-y^2}(\mathbf{r}) = \frac{1}{\sqrt{2}} \left[\psi_{n22}(\mathbf{r}) + \psi_{n2-2}(\mathbf{r})\right] = \sqrt{\frac{15}{16\pi}} R_{n2}(r) \frac{x^2 - y^2}{r} \tag{2.9}$$

$$\psi_{yz}(\mathbf{r}) = \frac{i}{\sqrt{2}} \left[\psi_{n21}(\mathbf{r}) + \psi_{n2-1}(\mathbf{r})\right] = \sqrt{\frac{15}{16\pi}} R_{n2}(r) 2\frac{yz}{r} \tag{2.10}$$

$$\psi_{zx}(\mathbf{r}) = -\frac{1}{\sqrt{2}} \left[\psi_{n21}(\mathbf{r}) - \psi_{n2-1}(\mathbf{r})\right] = \sqrt{\frac{15}{16\pi}} R_{n2}(r) 2\frac{zx}{r} \tag{2.11}$$

$$\psi_{xy}(\mathbf{r}) = -\frac{i}{\sqrt{2}} \left[\psi_{n22}(\mathbf{r}) - \psi_{n2-2}(\mathbf{r})\right] = \sqrt{\frac{15}{16\pi}} R_{n2}(r) 2\frac{xy}{r} \tag{2.12}$$

を導入する．これらはそれぞれ，$d_{3z^2-r^2}$ 軌道，$d_{x^2-y^2}$ 軌道などとよばれる．後に述べるように立方対称性の結晶場中では，立方対称群 O_h の既約表現の記号を用いて d_{3z-r^2} と $d_{x^2-y^2}$ 軌道は e_g 軌道，d_{yz}, d_{zx}, d_{xy} 軌道は t_{2g} 軌道とよばれる．式 (2.8)–(2.12) に挙げた関数を図として表すにはいくつかの方法がある．図 1.1 は極座標図とよばれる方法で表した軌道の模式図である．$d_{x^2-y^2}$ 軌道を例に挙げると，波動関数の角度部分を極座標における r を用いて $r = \pm\frac{1}{\sqrt{2}}[Y_{22}(\theta, \phi) + Y_{2-2}(\theta, \phi)]$ とし，この (r, θ, ϕ) 間の関係式を曲面で示したものである．図 1.1 の白色部分，灰色分はそれぞれ上式の正符号，負符号部分に相当する．この他に波動関数の角度部分の絶対値 $|Y_{22}(\theta, \phi) + Y_{2-2}(\theta, \phi)|$ が一定となる点を結んだ等高線図もよく用いられる．

2.2 電子間相互作用

原子核と電子の間に働く Coulomb 相互作用の次に大きいのは，同一磁性イオンに含まれる他の電子との Coulomb 相互作用である．一般に電子間の Coulomb 相互作用は場の量子論による表示で

$$\mathcal{H}_{ee} = \sum_{\gamma_1\gamma_2\gamma_3\gamma_4} \sum_{s_1 s_2} \frac{1}{2} v_{\gamma_1\gamma_2;\gamma_3\gamma_4} c^\dagger_{\gamma_1 s_1} c^\dagger_{\gamma_2 s_2} c_{\gamma_3 s_2} c_{\gamma_4 s_1} \tag{2.13}$$

と表される．場の量子論の詳細については 2.6 節を参考にしていただきたい．ここで

$$v_{\gamma_1\gamma_2;\gamma_3\gamma_4} = \int d\mathbf{r}_1 d\mathbf{r}_2 \psi_{\gamma_1}(\mathbf{r}_1)^* \psi_{\gamma_2}(\mathbf{r}_2)^* \frac{e^2}{|\mathbf{r}_1 - \mathbf{r}_2|} \psi_{\gamma_3}(\mathbf{r}_2) \psi_{\gamma_4}(\mathbf{r}_1) \tag{2.14}$$

はその行列要素であり，$\psi_\gamma(\mathbf{r})$ は軌道 γ の波動関数である．また，$c^\dagger_{\gamma s}$ ならびに $c_{\gamma s}$ はそれぞれ軌道 γ，スピン s $(=\uparrow,\downarrow)$ に対する電子の生成・消滅演算子である．

式 (2.14) の行列要素において波動関数が式 (2.8)–(2.12) に与えられる孤立原子における d 軌道でよく近似できる場合，その対称性から独立な要素の数が限定される．それらは Racha パラメータ（A, B, C），あるいは Slater-Condon パラメータ（F^0, F^2, F^4）などの独立な 3 つのパラメータで表すことができる．ここで Slater-Condon パラメータは

$$F^k = \int_0^\infty dr_1 \int_0^\infty dr_2 r_1^2 r_2^2 R_{nl}(r_1)^2 R_{nl}(r_2)^2 \frac{\min(r_1, r_2)^k}{\max(r_1, r_2)^{k+1}} \tag{2.15}$$

で定義される．$\max(r_1, r_2)$ ならびに $\min(r_1, r_2)$ はそれぞれ r_1 と r_2 の大きなものと小さなものであり，$F^0 > F^2 > F^4$ の大小関係がある．Racha パラメータはこれらを用いて

$$A = F^0 - \frac{49}{441} F^4,\ B = \frac{1}{49} F^2 - \frac{5}{441} F^4,\ C = \frac{35}{441} F^4 \tag{2.16}$$

で定義され，$A > B > C$ の大小関係がある．

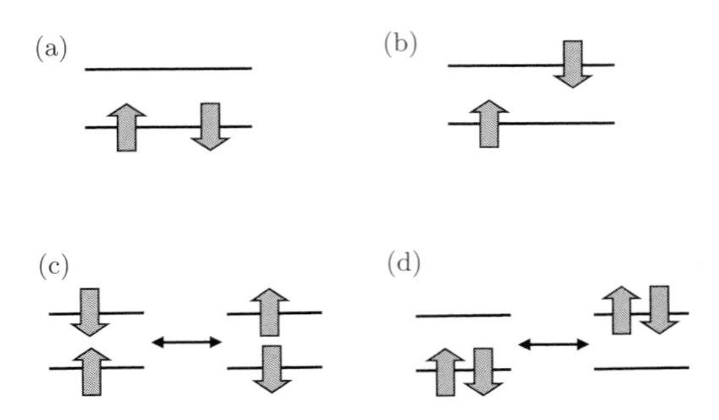

図 2.1　縮退軌道における電子間相互作用.

以下では式 (2.14) の主要項について考察する．右辺の積分には 4 つの波動関数が含まれており，それらの軌道がなるべく同じ場合に積分値が大きくなる．ここでは $\gamma_1 \sim \gamma_4$ においてすべての添え字が一致する場合，ならびに 2 組の 2 個の添え字がそれぞれ一致する次の場合について考察する．これらの模式図を図 2.1 に示す.

(1) $\gamma_1 = \gamma_2 = \gamma_3 = \gamma_4$ のとき [図 2.1(a)]: 最大の行列要素を与えるのはすべての添え字が同一の場合である．ハミルトニアンは $\sum_\gamma U n_{\gamma\uparrow} n_{\gamma\downarrow}$ となり，$U \equiv v_{\gamma\gamma;\gamma\gamma}$ は同一軌道を占有する電子間の Coulomb 相互作用である．ここで $n_{\gamma\sigma} = c^\dagger_{\gamma\sigma} c_{\gamma\sigma}$ は電子数演算子である．これは軌道の種類 γ によらず Racha パラメータを用いて $U = A + 4B + 3C$ となる.

(2) $\gamma_1 = \gamma_4 \neq \gamma_2 = \gamma_3$ のとき [図 2.1(b)]：(1) に次いで大きい行列要素を与えるのは座標 $\mathbf{r}_1$ の波動関数における γ_1 と γ_4，ならびに $\mathbf{r}_2$ の波動関数における γ_2 と γ_3 がそれぞれ同一の場合である．ハミルトニアンは $\sum_{\gamma\gamma'} U'_{\gamma,\gamma'} n_\gamma n_{\gamma'}$ となり，$U'_{\gamma,\gamma'} \equiv v_{\gamma\gamma';\gamma'\gamma}$ は異なる軌道を占有する電子間の Coulomb 相互作用を表す．ここで $n_\gamma = \sum_\sigma n_{\gamma\sigma}$ である．このクーロン相互作用の値は軌道の種類に依存しており $U'_{3z^2-r^2,x^2-y^2} = U'_{3z^2-r^2,xy} = A - 4B + C$, $U'_{xy,zx} = A - 2B + C$, $U'_{xy,x^2-y^2} = A + 4B + C$ となる．他の成分はこれらから対称性により導出できる.

(3) $\gamma_1 = \gamma_3 \neq \gamma_2 = \gamma_4$ のとき [図 2.1(c)]：ハミルトニアンは $\sum_{\gamma\gamma' ss'} J_{\gamma,\gamma'} \times c^\dagger_{\gamma s} c_{\gamma s'} c^\dagger_{\gamma' s'} c_{\gamma' s}$ で表される．$J_{\gamma,\gamma'} \equiv v_{\gamma\gamma';\gamma\gamma'}$ は異なる軌道を占有するス

ピン間の交換相互作用であり，Hund 結合とよばれる．Racha パラメータを用いると $J_{yz,zx} = 3B + C$，$J_{3z^2-r^2,x^2-y^2} = 4B + C$，$J_{xy,3z^2-r^2} = 4B + C$，$J_{xy,x^2-y^2} = C$ となり，他の成分は対称性により導出できる．

(4) $\gamma_1 = \gamma_2 \neq \gamma_3 = \gamma_4$ のとき [図 2.1(d)]：ハミルトニアンは $\sum_{\gamma>\gamma'} I_{\gamma,\gamma'} \times c^\dagger_{\gamma\uparrow} c^\dagger_{\gamma\downarrow} c_{\gamma'\downarrow} c_{\gamma'\uparrow}$ となり，$I_{\gamma,\gamma'} \equiv v_{\gamma\gamma;\gamma'\gamma'}$ は γ 軌道を占有する 2 電子を γ' 軌道に移動する二電子遷移 (pair hopping) とよばれる．(3) の交換相互作用と $I_{\gamma,\gamma'} = J_{\gamma,\gamma'}$ の関係がある．

相互作用を同じオーダーまで考慮するにはすべての行列要素を考慮する必要があるが，以下では簡単のために上記の 4 種類の相互作用のみを考えることにする．特に e_g 軌道を占有する電子間相互作用もしくは t_{2g} 軌道を占有する電子間相互作用のみに着目した場合，相互作用パラメータにおける軌道依存性を考慮する必要がなく，以下ではこれらを単に U'，J，I と記す．波動関数が孤立原子における d 軌道でよく近似できる場合は $U = U' + 2J$ ならびに $J = I$ の関係式が成り立つ．

上記の相互作用をまとめると電子間相互作用に対するハミルトニアンとして

$$
\begin{aligned}
\mathcal{H}_{ee} = U \sum_{i\gamma} n_{i\gamma\uparrow} n_{i\gamma\downarrow} &+ U' \sum_{i\gamma>\gamma'} n_{i\gamma} n_{i\gamma'} \\
&+ J \sum_{iss'\gamma>\gamma'} c^\dagger_{i\gamma s} c^\dagger_{i\gamma' s'} c_{i\gamma s'} c_{i\gamma' s} \\
&+ I \sum_{i\gamma\neq\gamma'} c^\dagger_{i\gamma\uparrow} c^\dagger_{i\gamma\downarrow} c_{i\gamma'\downarrow} c_{i\gamma'\uparrow}
\end{aligned}
\tag{2.17}
$$

が得られる．和記号における $\gamma > \gamma'$ は軌道に適当な順番を与えたときの大小関係とする．

ここで式 (2.17) のハミルトニアンを理解するために次の練習問題を考えよう．2 重縮退した e_g 軌道において 2 個の電子が占有する場合の電子状態を求める．独立な電子状態の総数は ${}_4\mathrm{C}_2 = 6$ である．電子間相互作用はスピン空間における回転対称性を保つため，全スピンの大きさ S がよい量子数であり，これで状態を分類することができる．6 個の状態においてスピン 3 重項状態が 1 組，スピン 1 重項状態が 3 組であることが角運動量の合成から容易に示される．ハミ

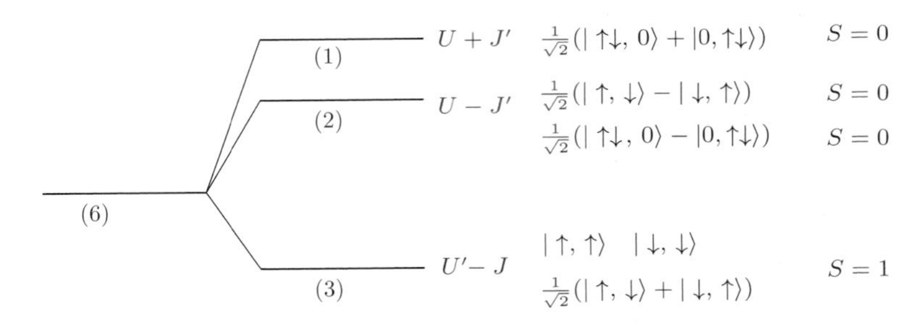

図 2.2　2 重縮退軌道に 2 個の電子が占有した場合のエネルギー準位．カッコ内の数字は縮退数.

ルトニアンを対角化することで固有値と固有関数は

$$
\begin{cases}
U+J': & \frac{1}{\sqrt{2}}(|\uparrow\downarrow,0\rangle + |0,\uparrow\downarrow\rangle) \\
U-J': & \frac{1}{\sqrt{2}}(|\uparrow,\downarrow\rangle - |\downarrow,\uparrow\rangle) \\
 & \frac{1}{\sqrt{2}}(|\uparrow\downarrow,0\rangle - |0,\uparrow\downarrow\rangle) \\
U'-J: & |\uparrow,\uparrow\rangle, |\downarrow,\downarrow\rangle, \frac{1}{\sqrt{2}}(|\uparrow,\downarrow\rangle + |\downarrow,\uparrow\rangle)
\end{cases}
\tag{2.18}
$$

と求められる．これを図 2.2 に示した．ここで $|\uparrow,\downarrow\rangle$ などは，1 つの軌道に上向きスピン電子が，他の軌道に下向き電子が占有する状態を表す．基底状態はスピン 3 重項状態であり，第一励起状態との差は J のオーダーである．これは孤立原子の基底状態に関する経験則として知られる Hund の第一規則「最もエネルギーの低い配置は全スピン量子数 S が最大の準位である」の一例である．この法則の微視的起源は強磁性的な交換相互作用 J である．

一般に，原子核からのポテンシャルのみを考慮した場合の縮退した最外殻軌道に n 個の電子が占有する多体電子状態は，電子間相互作用を考慮することで分裂する．スピン軌道相互作用を無視した場合，全スピン量子数 S と全軌道角運動量量子数 L がよい量子数となり，これらで多電子状態を分類することができる．これは LS 多重項とよばれ，それぞれの準位は ^{2S+1}L の記号で表される．ここで L は軌道角運動量の大きさが 0，1，2，3... のときに S，P，D，F... の記号を用いる．後ほど対象とする V^{3+} ならびに Mn^{3+} では d 電子数はそれぞれ 2 個ならびに 4 個であり，電子間相互作用を考慮した際の最低エネルギーの

LS 多重項はそれぞれ ^3F ならびに ^5D となる．

2.3 結晶場分裂

スピン軌道相互作用を無視した場合，孤立イオンにおけるハミルトニアンは実空間とスピン空間において回転対称性を有しており，一電子状態のスピンを除く部分は主量子数 n，方位量子数 l ならびに磁気量子数 m で分類できる．一方，固体中で電子が受けるポテンシャルには回転称性が失われており，孤立イオンにおける電子軌道の縮退の一部は解ける．この効果は結晶場分裂効果とよばれる．この節では d 電子がその近傍の陰イオンから受ける静電相互作用の効果を評価する．

磁性イオンの位置を原点にとり，対象とする電子の位置座標を極座標で表して $\mathbf{r} = (r, \theta, \phi)$ とする．原点から距離 a_i $(i = 1 \sim N)$ に位置する N 個の陰イオンを考える．陰イオンは点電荷として取り扱い，その価数はすべて $-Z$，位置座標を $\mathbf{R}_i = (a_i, \theta_i, \phi_i)$ とする．磁性イオンの電子にはたらく静電相互作用は

$$v_{\text{crystal}} = \sum_{i=1}^{N} \frac{Ze^2}{|\mathbf{R}_i - \mathbf{r}|} \tag{2.19}$$

で表される．ここで電子波動関数の広がりに比べて a_i が十分大きい場合，右辺の関数を

$$\frac{1}{|\mathbf{R}_i - \mathbf{r}|} = \sum_{l=0}^{\infty} \frac{r^l}{a_i^{l+1}} P_l(\cos \Omega_i) \tag{2.20}$$

のように Legendre 関数で展開できる．ここで Ω_i は $\mathbf{r}$ と $\mathbf{R}_i$ とのなす角度である．これを電子の座標 $\mathbf{r}$ と陰イオンの座標 $\mathbf{R}_i$ に分離するために次の Legendre 関数の加法定理

$$P_l(\cos \Omega_i) = \frac{4\pi}{2l+1} \sum_{m=-l}^{l} Y_{lm}(\theta, \phi) Y_{lm}^*(\theta_i, \phi_i) \tag{2.21}$$

を用いると，静電相互作用は

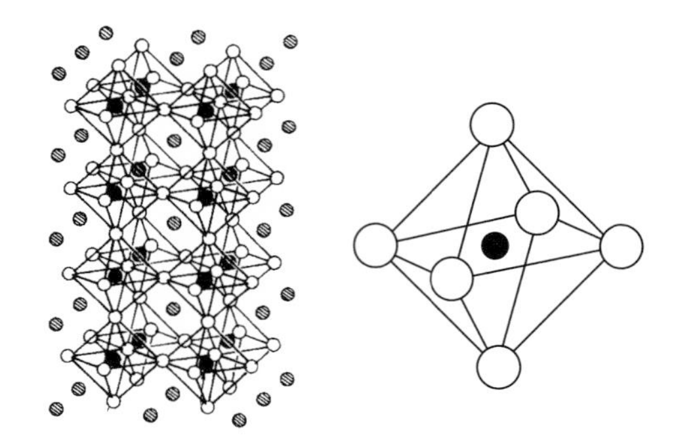

図 **2.3**　ペロフスカイト型結晶構造と MA_6 八面体.

$$v_{\mathrm{crystal}} = \sum_{l=0}^{\infty} \sum_{m=-l}^{l} r^l q_{lm} C_m^{(l)}(\theta, \phi) \tag{2.22}$$

と書き直すことができる．ここで

$$q_{lm} = Ze^2 \sqrt{\frac{2}{2l+1}} (-1)^m \sum_{i=1}^{N} \frac{\Theta_{l-m}(\theta_i) e^{-im\phi_i}}{a_i^{l+1}} \tag{2.23}$$

ならびに

$$C_m^{(l)}(\theta, \phi) = \sqrt{\frac{4\pi}{2l+1}} Y_{lm}(\theta, \phi) \tag{2.24}$$

を導入した．$\Theta_{lm}(\theta)$ は式 (2.6) で与えられる．式 (2.22) では磁性イオンの電子に関する情報は r^l と $C_m^{(l)}(\theta, \phi)$ に，陰イオンに関する情報は q_{lm} に含まれており，さらに前者では距離と角度に関する因子に分解されている．

上記の結果を用いて MA_6 分子の結晶場分裂を考えよう．これは図 2.3 に示したペロフスカイト型結晶構造等でよく見られる構造である．正八面体の中心に磁性イオン M，各頂点に陰イオン A を配置し，イオン間距離をすべて a とする．式 (2.23) において，d 軌道の場合は式 (2.22) の $l = 0$ と 4 の項のみが有限の値をもち

$$v_{\mathrm{crystal}} = \frac{6Ze^2}{a} + \frac{7Ze^2}{2a} \left(\frac{r}{a}\right)^4 \left[C_0^{(4)} + \sqrt{\frac{5}{14}} \left\{ C_4^{(4)} + C_{-4}^{(4)} \right\} \right] \tag{2.25}$$

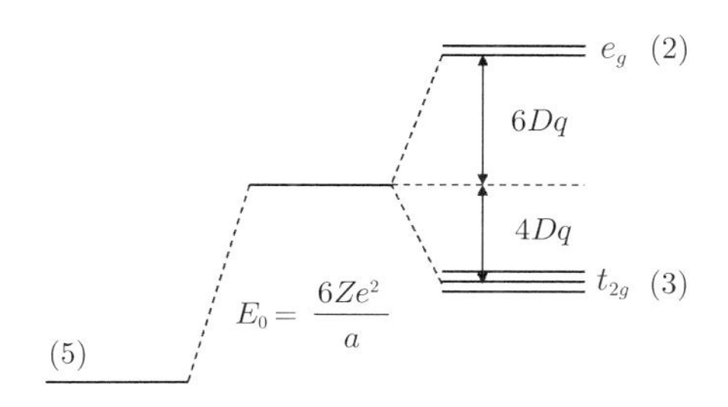

図 2.4 立方対称ポテンシャル中の結晶場分裂.

となる．第 1 項は陰イオンのために電子のエネルギーが一様に上昇する効果でありこれを E_0 と記し，第 2 項が結晶場の立方対称性に起因した効果である．第 1 項と第 2 項の比はおよそ $(r/a)^4$ であり，$3d$ 軌道の平均半径を考慮するとこれは 1 より十分小さい．d 軌道の波動関数として $\psi_{32m}(\mathbf{r})$ を基底にとり対角化すると，式 (2.8)–(2.12) で与えられる波動関数が固有関数となることが示される．e_g 軌道 $(d_{3z^2-r^2}, d_{x^2-y^2})$ ならびに t_{2g} 軌道 (d_{yz}, d_{zx}, d_{xy}) は，それぞれ，正方対称群 O_h の E_g ならびに T_{2g} 既約表現の基底となっている．それぞれの固有エネルギーは

$$E_{e_g} = E_0 + 6Dq,\ E_{t_{2g}} = E_0 - 4Dq \tag{2.26}$$

であり，その模式図を図 2.4 に示した．ここで $D = 35Ze/(4a^5)$ ならびに $q = 2e\langle r\rangle/105$ である．立方対称のポテンシャルにより 5 個の d 軌道の縮退は解けて 2 重縮退の e_g 軌道と 3 重縮退の t_{2g} 軌道に分裂し，そのエネルギー差は $10Dq$ である．e_g 軌道のエネルギーが t_{2g} 軌道のそれより相対的に高いのは，e_g 軌道の電荷分布が陰イオンの方向に伸びているのに対し，t_{2g} 軌道のそれは陰イオンを避けるように伸びていることに起因している．

これまでは磁性イオンから最も近接した陰イオンを点電荷で近似し，これからの静電相互作用を考えた．この議論は定性的には適切な評価を与えるが，実際の遷移金属化合物における結晶場分裂の定量的な評価には適さない．これは点電荷による静電相互作用に加えて，配位子の電荷の広がり，交換相互作用の寄与，より遠方の配位子の効果，波動関数の直交性の効果，軌道混成などの様々な効果が結晶場分裂の原因となるためである．特に遷移金属酸化物では酸素の

$2p$ 軌道と遷移金属の d 軌道とのエネルギー準位が近く，両者の軌道混成効果が大きな寄与を及ぼす．以下では MA_6 正八面体を対象として，その効果を考察する．正八面体の頂点に位置する陰イオンの p 軌道と中心に位置する磁性イオンの d 軌道との軌道混成はハミルトニアン

$$\mathcal{H} = \sum_{i=1}^{6} \sum_{\gamma\alpha} \sum_{s} t_{i\gamma\alpha} \left(c_{\gamma s}^{\dagger} p_{i\alpha s} + h.c. \right) \tag{2.27}$$

で表される．ここで $p_{i\alpha s}^{\dagger}$ $(p_{i\alpha s})$ は座標 $\mathbf{R}_i$ における p_α $(\alpha = x, y, z)$ 軌道における電子の生成 (消滅) 演算子，$t_{i\gamma\alpha}$ は磁性イオンの d_γ 軌道とサイト i の陰イオン p_α 軌道との電子遷移積分であり

$$t_{i\gamma\alpha} = \int d\mathbf{r} \psi_{d_\gamma}(\mathbf{r}) \Delta V(\mathbf{r}) \psi_{p_\alpha}(\mathbf{r} - \mathbf{R}_i) \tag{2.28}$$

で与えられる．ここで $\Delta V(\mathbf{r})$ は固体中（今の場合は正八面体クラスター中）において電子に働くポテンシャルと孤立イオンにおけるポテンシャルの差である．式 (2.28) における波動関数の対称性を考慮すると，e_g 軌道と混成するのは遷移金属イオンと陰イオンを結ぶボンド方向に伸びた p 軌道であり，t_{2g} 軌道と混成するのはこれと直交する軌道であることがわかる．それぞれの軌道混成による結合は σ 結合ならびに π 結合とよばれ，前者は後者に比べて強い結合である．

d 軌道から $-l$ $(= x, y, z)$ 方向に伸びた σ 結合に関する電子遷移積分を t_l^σ と表すと，図 2.5 に示すように

$$t_x^\sigma = t_{pd\sigma} \begin{pmatrix} -\frac{1}{2} \\ \frac{\sqrt{3}}{2} \end{pmatrix}, \qquad t_y^\sigma = t_{pd\sigma} \begin{pmatrix} -\frac{1}{2} \\ -\frac{\sqrt{3}}{2} \end{pmatrix}, \qquad t_z^\sigma = t_{pd\sigma} \begin{pmatrix} 1 \\ 0 \end{pmatrix} \tag{2.29}$$

とまとめられる [19]．ここで 1 行目と 2 行目の成分はそれぞれ $d_{3z^2-r^2}$ 軌道と $d_{x^2-y^2}$ 軌道の成分である．$d_{3z^2-r^2}$ 軌道から $+z$ 方向に伸びた σ 結合における電子遷移積分を $t_{pd\sigma}$ とした．同様に π 結合に関する遷移積分強度 t_l^π は

$$t_x^\pi = t_{pd\pi} \begin{pmatrix} 0 \\ 1 \\ 1 \end{pmatrix}, \qquad t_y^\pi = t_{pd\pi} \begin{pmatrix} 1 \\ 0 \\ 1 \end{pmatrix}, \qquad t_z^\pi = t_{pd\pi} \begin{pmatrix} 1 \\ 1 \\ 0 \end{pmatrix} \tag{2.30}$$

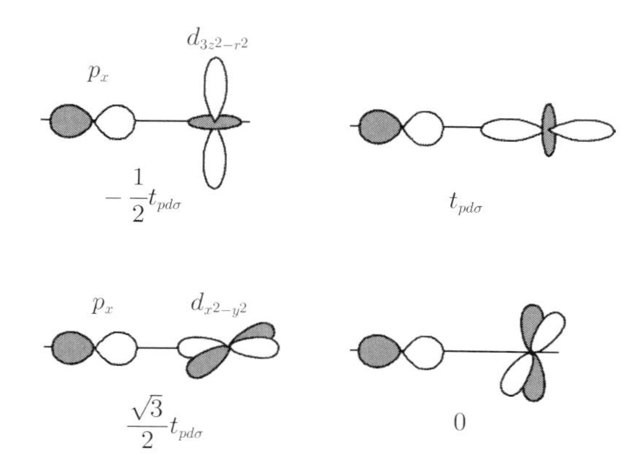

図 2.5 d 軌道と p 軌道間の電子遷移積分.

とまとめられる．ここで 1 行目から 3 行目はそれぞれ d_{yz}, d_{zx}, d_{xy} 軌道の成分である．一般に $|t_{pd\sigma}| > |t_{pd\pi}|$ であり，経験的に $t_{pd\sigma} = -1.4t_{pd\pi}$ が成り立つことが知られている．

上記の電子遷移積分の考察を正八面体 MA_6 に適用することで，5 個の d 軌道はこれと同じ対称性をもつ p 軌道の線形結合（分子軌道）とのみ混成をすることがわかる．e_g 軌道と同じ対称性をもつ p 軌道は具体的に

$$\psi^{(p)}_{3z^2-r^2} = \frac{1}{2\sqrt{3}}\Big[-\psi_{p_x}(x) + \psi_{p_x}(-x) - \psi_{p_y}(y) + \psi_{p_y}(-y) + 2\psi_{p_z}(z) - 2\psi_{p_z}(-z)\Big] \tag{2.31}$$

$$\psi^{(p)}_{x^2-y^2} = \frac{1}{2}\left[\psi_{p_x}(x) - \psi_{p_x}(-x) - \psi_{p_y}(y) + \psi_{p_y}(-y)\right] \tag{2.32}$$

となる．ここで $\psi_{p_x}(x)$ は正八面体の中心から $+x$ 方向に伸びたボンドに位置する p_x 軌道の波動関数を表す．同様に t_{2g} 軌道と同じ対称性をもつ軌道は

$$\psi^{(p)}_{yz} = \frac{1}{2}\left[\psi_{p_z}(y) - \psi_{p_z}(-y) + \psi_{p_y}(z) - \psi_{p_y}(-z)\right] \tag{2.33}$$

$$\psi^{(p)}_{zx} = \frac{1}{2}\left[\psi_{p_x}(z) - \psi_{p_x}(-z) + \psi_{p_z}(x) - \psi_{p_z}(-x)\right] \tag{2.34}$$

$$\psi^{(p)}_{xy} = \frac{1}{2}\left[\psi_{p_y}(x) - \psi_{p_y}(-x) + \psi_{p_x}(y) - \psi_{p_x}(-y)\right] \tag{2.35}$$

となる．これらを用いると式 (2.27) は次式のように書き換えられる．

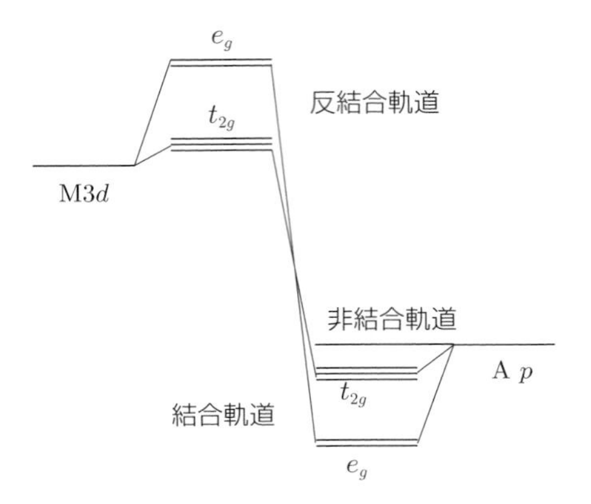

図 2.6　軌道混成による結晶場分裂.

$$\mathcal{H}_t = \sum_{\gamma s} t_\gamma \left(c^\dagger_{\gamma s} p_{\gamma s} + h.c. \right) \tag{2.36}$$

と表される．ここで $p^\dagger_{\gamma s}$ $(p_{\gamma s})$ は式 (2.31), (2.32) ならびに式 (2.33)–(2.35) の波動関数を基底とする電子の生成（消滅）演算子であり，$t_{3z^2-r^2} = t_{x^2-y^2} = t_{pd\sigma}$ ならびに $t_{yz} = t_{zx} = t_{xy} = t_{pd\pi}$ である．

多くの遷移金属化合物において，遷移金属イオンの d 軌道は陰イオンの p 軌道に比べてエネルギーが高い（いわゆる“電荷移動型絶縁体”や“負の電荷移動ギャップをもつ絶縁体”はこの議論の範疇ではない）．軌道準位エネルギーに関するハミルトニアン

$$\mathcal{H}_\Delta = \sum_{\gamma\sigma} \left(\varepsilon_d d^\dagger_{\gamma\sigma} d_{\gamma\sigma} + \varepsilon_p p^\dagger_{\gamma\sigma} p_{\gamma\sigma} \right) \tag{2.37}$$

に式 (2.36) の軌道混成項を加えたものを対角化することで混成軌道のエネルギー準位が

$$E_\gamma = \frac{1}{2} \left\{ \varepsilon_d - \varepsilon_p \pm \sqrt{(\varepsilon_d - \varepsilon_p)^2 + (2t_\gamma)^2} \right\} \tag{2.38}$$

で与えられ，その模式図を図 2.6 に示した．軌道混成により d 軌道が主体となる反結合軌道 (antibonding orbital) と p 軌道が主体となる結合軌道 (bonding orbital)，ならびに結合に関与しない非結合軌道 (non-bonding orbital) が形成

される．反結合軌道に着目すると，$|t_{pd\sigma}| > |t_{pd\pi}|$ のために e_g 対称性の反結合軌道が t_{2g} 対称性のそれよりエネルギーが高いことがわかる．つまり，反結合軌道のエネルギー準位の上下関係は図 2.4 に示した静電ポテンシャルによる結果と定性的に同じ結果を与える．

2.4 軌道角運動量とスピン軌道相互作用

一般に孤立した電子におけるスピン軌道相互作用は

$$\mathcal{H}_{SO} = \xi \mathbf{l} \cdot \mathbf{s} \tag{2.39}$$

ならびに

$$\xi = \frac{\hbar^2}{2m^2c^2r}\frac{d}{dr}V(r) \tag{2.40}$$

と表される．ここで $\mathbf{l} = -i\hbar\mathbf{r} \times \nabla$ は軌道角運動量演算子，$\mathbf{s}$ はスピン演算子，$V(\mathbf{r})$ は電子に働くポテンシャルである．複数の磁性電子を有するイオンにおけるスピン軌道相互作用は，上式をすべての電子について和をとることで得られる．また 2.2 節で紹介した LS 多重項の 1 つに着目した場合，その多重項内で有効なスピン軌道相互作用ハミルトニアンとして

$$\mathcal{H}_{SO} = \lambda \mathbf{L} \cdot \mathbf{S} \tag{2.41}$$

が成り立つことが知られている．ここで $\mathbf{L}$ ならびに $\mathbf{S}$ は，それぞれ着目する多重項における全軌道角運動量と全スピン角運動量である．本節では軌道角運動量とスピン軌道相互作用に関するいくつかの事項を紹介する．

まず，スピン軌道相互作用と密接に関係する重要な事項として "軌道角運動量の消失" を紹介する．多くの $3d$ 遷移金属イオンにおいて帯磁率により観測される磁気モーメントの大きさは，全角運動量 $\mathbf{J} = \mathbf{L} + \mathbf{S}$ から予想される値とは異なり，スピン角運動量 $\mathbf{S}$ から予想されるものに近いことが知られている．それらのイオンにおいては最低 LS 多重項において結晶場効果により軌道縮退が

なく，次の定理が成り立つことに起因している：

基底状態に軌道縮退のない場合の磁性イオンでは，軌道角運動量は消失する．

孤立したイオン内において磁性電子のハミルトニアンは実数であり，その時間依存のない Schrödinger 方程式は係数が実数の微分方程式である．このため基底状態に軌道に関する縮退がない場合，その波動関数 $\psi_{\mathrm{GS}}(\mathbf{r})$ は位相因子を除いて実関数にとることができる．一方で軌道角運動量演算子は純虚数である．基底状態における軌道角運動量の期待値

$$\langle \mathbf{l} \rangle = \int d\mathbf{r} \psi_{\mathrm{GS}}(\mathbf{r})\ \mathbf{l}\ \psi_{\mathrm{GS}}(\mathbf{r}) \tag{2.42}$$

において波動関数が実関数であること，$\mathbf{l}$ が純虚数であることを考慮すると，これは

$$\langle \mathbf{l} \rangle = \int d\mathbf{r} \psi^*_{\mathrm{GS}}(\mathbf{r})\ \mathbf{l}\ \psi^*_{\mathrm{GS}}(\mathbf{r}) = -\left[\int d\mathbf{r} \psi_{\mathrm{GS}}(\mathbf{r})\ \mathbf{l}\ \psi_{\mathrm{GS}}(\mathbf{r}) \right]^* = -\langle \mathbf{l} \rangle^* \tag{2.43}$$

となる．$\langle \mathbf{l} \rangle$ は観測量であるから実数でなければならず，上式はこれがゼロであることを意味する．ここまで第一励起多重項が最低エネルギーの多重項と十分離れている場合を考えた．しかし Co^{2+} や Fe^{2+} などでは，基底状態と励起状態の間のエネルギー差がスピン軌道相互作用と比較してあまり大きくない．この場合は，スピン軌道相互作用の 2 次摂動により基底状態における軌道角運動量が有限となる．

一般に基底状態に軌道縮退が存在する場合はこの限りではなく，有限の角運動量が許される．その一例として 3 重縮退した t_{2g} 軌道に 1 個の電子が占有する場合を考えよう．この場合は縮退軌道の波動関数に関して複素数を係数とする線形結合が可能であり，これは上記の定理の範囲ではなく異なる軌道の波動関数の相対位相が意味をなす．式 (2.10)–(2.12) から軌道角運動量の具体的な行列要素は $\hbar$ を単位として

$$l_x = \begin{pmatrix} 0 & 0 & 0 \\ 0 & 0 & i \\ 0 & -i & 0 \end{pmatrix}, \quad l_y = \begin{pmatrix} 0 & 0 & -i \\ 0 & 0 & 0 \\ i & 0 & 0 \end{pmatrix}, \quad l_z = \begin{pmatrix} 0 & i & 0 \\ -i & 0 & 0 \\ 0 & 0 & 0 \end{pmatrix} \tag{2.44}$$

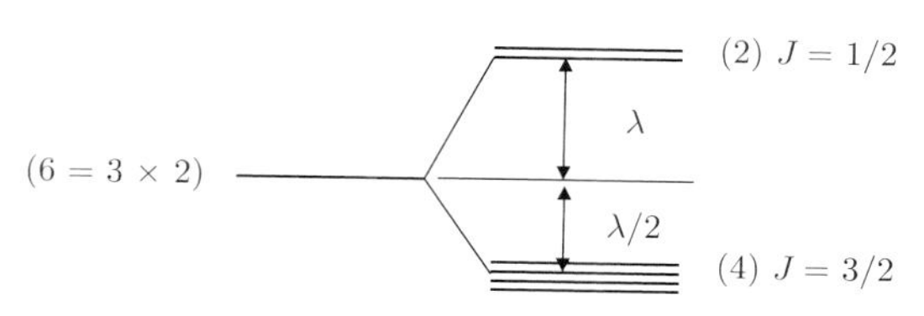

図 **2.7** スピン軌道相互作用による $(t_{2g})^1$ 状態の分裂.

である．これは大きさ 1 の軌道角運動量演算子の行列要素と等価であるが，全体の符号が異なる．これからスピン軌道相互作用を取り入れた場合のエネルギー準位は，有効的な軌道角運動量 $L^{\rm eff} = 1$ とスピン角運動量 $S = 1/2$ の合成の問題と等価となり，図 2.7 に示したように有効的な総角運動量 $J^{\rm eff} = 3/2$ と $1/2$ の状態に分裂する．具体的な固有関数と固有エネルギーは以下で与えられる．$J^{\rm eff} = 3/2$ の場合はエネルギー $E_{3/2} = -\lambda/2$ で波動関数は

$$\begin{cases} \psi_{\frac{3}{2},\pm\frac{3}{2}} &= \mp\frac{1}{\sqrt{2}}\left(\psi_{yz} \pm i\psi_{zx}\right)\chi_{\pm\frac{1}{2}} \\ \psi_{\frac{3}{2},\pm\frac{1}{2}} &= \frac{1}{\sqrt{6}}\left[2\psi_{xy}\chi_{\pm\frac{1}{2}} \mp (\psi_{yz} \pm i\psi_{zx})\chi_{\mp\frac{1}{2}}\right] \end{cases} \tag{2.45}$$

であり，$J^{\rm eff} = 1/2$ の場合は $E = \lambda$ ならびに

$$\psi_{\frac{1}{2},\pm\frac{1}{2}} = \frac{1}{\sqrt{3}}\left[\psi_{xy}\chi_{\pm\frac{1}{2}} \pm (\psi_{yz} \pm i\psi_{zx})\chi_{\mp\frac{1}{2}}\right] \tag{2.46}$$

が得られる．ここで $\chi_{\pm\frac{1}{2}}$ は S^z の固有値 $\pm 1/2$ に対応する固有スピン波動関数である．

「角運動量の消失」に関する上記の定理の裏の命題は一般には成り立たない．この一例として波動関数が 2 重縮退した e_g 軌道に 1 個の電子が占有する状態を考えよう．このとき，2 つの e_g 軌道の波動関数について複素数を係数とする線形結合を考えることができる．この波動関数を $\Psi_{\rm GS}$ として $l_z = -i\hbar(x\nabla_y - y\nabla_x)$ の期待値

$$\langle l_z \rangle = \int d\mathbf{r}\psi^*_{\rm GS}(\mathbf{r})\ l_z\ \psi_{\rm GS}(\mathbf{r}) \tag{2.47}$$

を考える．ここで右辺の積分変数において x 軸に関する反転操作 $(x \to -x)$ を施すと，l_z は符号を変えるのに対して e_g 軌道の波動関数は符号を変えない．こ

れは t_{2g} 軌道の場合と異なることに注意したい．したがって $\langle l_z \rangle = -\langle l_z \rangle = 0$ となる．他の成分についても同様である．これを群論的に考察すると以下のようになる．立方対称群 $\mathrm{O_h}$ において e_g 軌道の波動関数は E_g 既約表現のように変換され，軌道角運動量は T_{1g} 既約表現の基底と同様に変換される．式 (2.47) の右辺から軌道角運動量の平均値は積表現 $E_g \times T_{1g} \times E_g$ で表さる．これを簡約すると $3T_{1g} + T_{2g}$ となるが，これは全対称表現 A_{1g} を含んでいないため平均値はゼロとなる．一方，3 重縮退した t_{2g} 軌道に関する軌道角運動量の平均値は積表現 $T_{2g} \times T_{1g} \times T_{2g} \to A_{1g} + A_{2g} + 2E_g + 4T_{1g} + 3T_{2g}$ となり，これは全対称表現 A_{1g} を含んでおり有限の値が許される．

2.5　多重項分裂と軌道自由度

最後の節ではこれまで導入した相互作用を取り入れることで生じる，エネルギー準位の分裂と低エネルギーの電子状態についてまとめる．ここでは例として Mn^{3+} を取り上げる（図 2.8）．Mn^{3+} の $3d$ 電子数は 4 であり，原子核からの中心対称性のあるポテンシャルを考慮した場合の準位の縮退数は ${}_{10}\mathrm{C}_4 = 210$ である．この状態に電子間相互作用を導入すると，電子状態は全スピン角運動

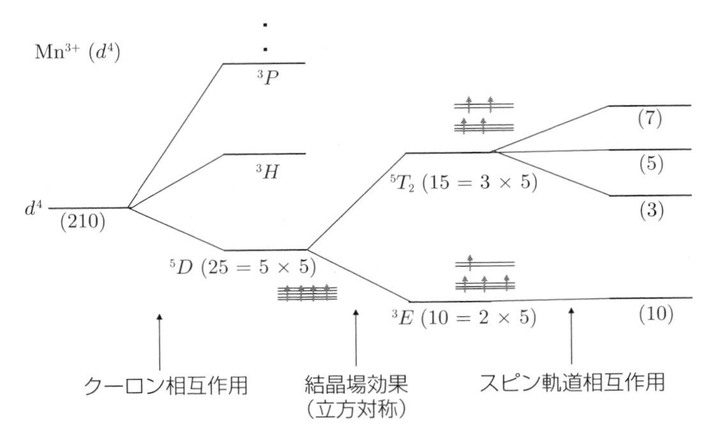

図 2.8　$\mathrm{Mn}^{3+}(d^4)$ におけるエネルギー準位．

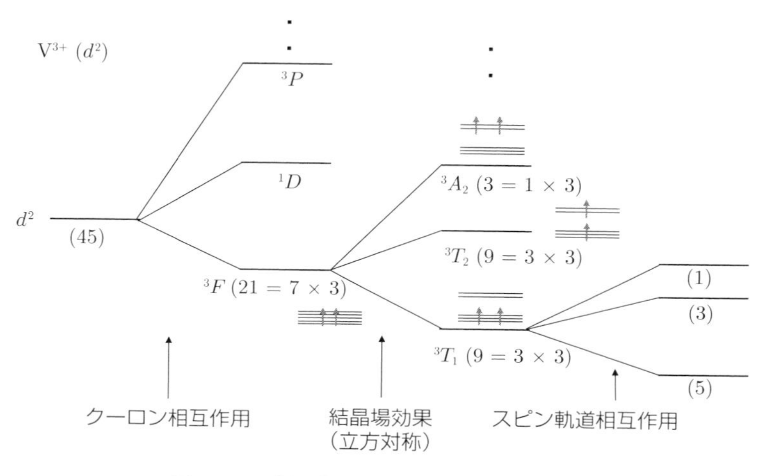

図 2.9　$V^{3+}(d^2)$ におけるエネルギー準位.

量と全軌道角運動量により分類できる LS 多重項に分裂する．最低 LS 多重項はスピン角運動量の最も大きな $S = 2$ 状態で $L = 2$ のみが許される．これは ^5D で表され 25 重に縮退しており，励起状態として ^3H, ^3P などがある．最低 LS 多重項は立方対称性の結晶場効果により，$(e_g)^2(t_{2g})^2$ 電子配置と $(e_g)^1(t_{2g})^3$ 電子配置に分裂する．前者は 15 重縮退の T_2 状態 (Γ_5 状態)，後者は 10 重縮退の E 状態 (Γ_3 状態) とよばれるが，後者が基底状態となる．Γ_3 状態では 1 個の電子が 2 重縮退した e_g 軌道のどちらを占有するかという自由度が存在し，これが軌道自由度とよばれる．e_g 軌道においては軌道角運動量の期待値はゼロであり，スピン軌道相互作用の 1 次の効果による分裂は起きない．最終的に基底状態は軌道自由度による縮退 2，スピン自由度による縮退 5 の合計 10 重に縮退した状態となる．

別の例として立方対称性の結晶場中の V^{3+} の電子状態を図 2.9 に示した．${}_{10}C_2 = 45$ 重に縮退した $3d^2$ 状態は，電子間相互作用により分裂し，基底状態は 21 重の ^3F 状態となる．これは立方対称性の結晶場効果により，3 重縮退の $(e_g)^2$ 電子配置である $^3A_2$ 状態，9 重縮退の $(t_{2g})^1(e_g)^1$ 電子配置の $^3T_2$ 状態ならびに 9 重縮退の $(t_{2g})^2$ 電子配置の $^3T_1$ 状態に分裂し，$^3T_1$ 状態が基底状態となる．この状態における軌道に関する 3 重縮退が軌道自由度に起因する．Mn^{3+}

の場合と異なりスピン軌道相互作用により基底状態はさらに 1 重項状態（有効的な全角運動量 $J^{\mathrm{eff}} = 0$），3 重項状態 ($J^{\mathrm{eff}} = 1$)，5 重項状態 ($J^{\mathrm{eff}} = 2$) に分裂し，$J^{\mathrm{eff}} = 2$ の状態が基底状態となる．ここで求めた孤立イオンにおける基底状態と低エネルギー励起状態が結晶中のスピン・軌道状態を考察する際の基礎となる．

2.6　場の量子論と多体粒子系

この章の最後の節では初学者のために場の量子論について簡単にまとめておく．すでに習得している読者はこの節を読み飛ばしても差し支えない．場の量子論の基礎と物性論への応用については多数の成書が出版されているが，ここでは以下の優れた和書を挙げるにとどめる [20–24].

本書で対象とする固体内の多数の電子や原子核がもたらす現象を理論的に取り扱うには，以下のような理由から場の量子論を用いた解析が本質的に必要不可欠である：

(1) 固体内ではフォノン，マグノンやエキシトンなど，本来の素粒子とは異なる準粒子や複合粒子の概念を導入することで様々な物理現象の記述や理解が可能となる．これらの粒子は生成・消滅したり他の準粒子に分裂する．このような現象は，特定の粒子に着目してその運動を追跡する通常の量子力学による記述は困難である．超伝導のような異なる粒子数の状態の重ね合わせであるコヒーレント状態を記述する際に，この困難は顕著である．

(2) 多電子の波動関数を取り扱う際に，量子力学では一電子波動関数の積を反対称化した Slater 行列式を用いる．固体内の 10^{23} 個に及ぶ天文学的な数の電子を対象とする場合，このような取り扱いは事実上不可能である．熱力学極限操作が本質的となる相転移現象（自発的対称性の破れ現象）において，無限自由度を取り扱うことができる場の量子論を用いた解析は不可欠となる．

(3) 通常の量子力学の波動関数は時空間 $(\boldsymbol{x}, t)$ のある点に実在する場として解釈することは困難であり，特に多粒子系ではこれが顕著である．これに対して場の量子論で導入される場の演算子は時空間の関数としての場と解釈することが可能であり，空間的に一様でない状態を記述することができる．

一般に時空の各点で c 数（量子力学における演算子ではない数）として与えられる場の量 $u(\boldsymbol{x},t)$ を考える (ここではスカラー場とする)．これを以下のように完全規格直交系 $\{\phi_i(\boldsymbol{x})\}$ で展開する．

$$u(\boldsymbol{x},t)=\sum_{i=1}^{\infty}c_i(t)\phi_i(\boldsymbol{x}) \tag{2.48}$$

ここで展開係数である $c_i(t)$ を q 数（量子力学における演算子）$\hat{c}_i(t)$ で置き換えることで場の演算子とよばれる q 数 $\hat{u}(\boldsymbol{x},t)$ を導入し，これに基づいて展開する新しい量子論の枠組み（状態空間とこれに作用する演算子）を場の量子論もしくは第二量子化による理論とよぶ（近年では第二量子化という言葉は次第に使われなくなりつつある）[25]．以下では簡単な具体例として古典的な波動方程式に従うスカラー場（古典場）と Schrödinger 方程式に従う場 (de Broglie 場) について紹介する．

まず，簡単な例として 1 次元ひもの振動を考える．ひもは x 軸上の $x=0$ と l に固定された固定端とし，その線密度と張力をそれぞれ $\rho,\ \mu$ とする．振動の振幅は一方向としてそれを $u(x,t)$ とすると，その運動は波動方程式

$$\frac{\partial^2u(x,t)}{\partial t^2}=a^2\frac{\partial^2u(x,t)}{\partial x^2} \tag{2.49}$$

により記述され，ハミルトニアンは

$$\mathcal{H}=\int_0^l dx\frac{1}{2}\left\{\rho\left(\frac{\partial u(x,t)}{\partial t}\right)^2+\mu\left(\frac{\partial u(x,t)}{\partial x}\right)^2\right\} \tag{2.50}$$

で与えられる．ここで $a=\sqrt{\mu/\rho}$ である．波動方程式は適当な初期条件のもとで Fourier 級数を用いることで解くことができ

$$u(x,t)=\sum_{k=1}^{\infty}b_k(t)f_k(x) \tag{2.51}$$

と表される．ここで $f_k(x)=\sqrt{2/l}\sin(k\pi x/l),\ (k=1,2,\ldots)$ が完全規格直交系

をなすことを示すことができる．これは任意の波形 $u(x,t)$ を波長 $2l/k$ のサイン波 (基準振動) で展開した基準振動展開であり，その展開係数 (振幅) が $b_k(t)$ であることを意味している．この展開式を用いると波動方程式 [式 (2.49)] とハミルトニアン [式 (2.50)] はそれぞれ

$$\ddot{b}_k(t) = -\omega_k^2 b_k(t) \tag{2.52}$$

ならびに

$$\mathcal{H} = \frac{1}{2}\sum_{k=1}^{\infty}\left[d_k^2 + \mu(k\pi/l)^2 b_k^2\right] \tag{2.53}$$

となる．ここで $d_k = \rho\dot{b}_k$ ならびに $\omega_k = a\pi k/l$ であり，時間微分に関して $\dot{A} = dA/dt$ ならびに $\ddot{A} = d^2A/dt^2$ の簡略的な表式を用いた．上の運動方程式とハミルトニアンは，b_k と d_k をそれぞれ調和振動子の振幅と運動量と対応させることで，一次元ひもの振動の問題が無限個の独立な調和振動子の集まりと等価であることを意味している．

ここで，量子力学における調和振動子の問題を考えよう．微分方程式である Schrödinger 方程式を解く方法と等価な方法として，演算子による方法がよく知られている．ここでは昇降演算子とよばれる演算子 $\hat{a}$ と $\hat{a}^\dagger$ を導入し，調和振動子の変位と運動量をこれらで書き換えることで演算子の代数的な問題として解くことが可能となる．これに従い，ハミルトニアン [式 (2.50)] における添え字 k で識別されるそれぞれの調和振動子に対して $\hat{a}_k$ ならびに $\hat{a}_k^\dagger$ を導入することで

$$\hat{b}_k(t) = \sqrt{\frac{\hbar}{2\omega_k\rho}}\left(\hat{a}_k e^{-i\omega_k t} + \hat{a}_k^\dagger e^{i\omega_k t}\right) \tag{2.54}$$

$$\hat{d}_k(t) = (-i)\sqrt{\frac{\hbar\omega_k\rho}{2}}\left(\hat{a}_k e^{-i\omega_k t} - \hat{a}_k^\dagger e^{i\omega_k t}\right) \tag{2.55}$$

と q 数に書き換えることにする．ここで交換関係

$$[\hat{a}_k, \hat{a}_{k'}^\dagger] = \delta_{kk'}, \quad [\hat{a}_k, \hat{a}_{k'}] = [\hat{a}_k^\dagger, \hat{a}_{k'}^\dagger] = 0 \tag{2.56}$$

から量子力学における座標と運動量の交換関係 $[\hat{b}_k, \hat{d}_{k'}] = i\hbar\delta_{kk'}$ が得られる．

ハミルトニアンは

$$\hat{\mathcal{H}} = \sum_{k=1}^{\infty} \hbar\omega_k \left(\hat{a}_k^\dagger \hat{a}_k + \frac{1}{2} \right) \tag{2.57}$$

と書き換えられ，これが場の量子論における新たなハミルトニアンとなる．

新たな状態ベクトルは以下のように設定する．式 (2.56) の交換関係を満たす演算子において $\hat{N}_k = \hat{a}_k^\dagger \hat{a}_k$ の固有値がゼロ以上の整数であることを示すことができる [21]．この固有値を n_k で表すと k で識別される調和振動子の固有状態は状態ベクトル $|n_k\rangle$ で記述でき，$\hat{N}_k|n_k\rangle = n_k|n_k\rangle$ を満たす．また $\hat{a}_k$（$\hat{a}_k^\dagger$）を $|n_k\rangle$ に作用させると n_k の値が 1 つ減少（増加）し，$\hat{a}_k|n_k\rangle \propto |n_k - 1\rangle$（$\hat{a}_k^\dagger|n_k\rangle \propto |n_k + 1\rangle$）となる（ただし $n_k - 1 \geq 0$）．これらにより系全体の状態ベクトルは $|n_1, n_2, n_3 \ldots\rangle$ となる．式 (2.57) のハミルトニアンを改めて見直すと，$\hat{N}_k$ を Bose 粒子の粒子数を表す演算子，$\hbar\omega_k$ を 1 個の粒子のエネルギーとみなすことができ，この系は k で識別される独立な粒子の集まりと解釈できる．この Bose 粒子はフォノンとよばれ，k はフォノンの波数である．$|n_1, n_2, n_3 \ldots\rangle$ を基底とする空間が新たな Hilbert 空間となり，これは Fock 空間とよばれる．この空間にはフォノンの数がゼロの状態から無限個の状態まで含まれていることがわかる．

別な例として Schrödinger 方程式に従う de Broglie 場について考察する．以下では簡単のために電子のスピン自由度については無視する．次の方程式に従う 1 次元の 1 個の自由な電子の波動関数を考える．

$$i\hbar \frac{\partial \psi(x,t)}{\partial t} = \mathcal{H}\psi(x,t) \tag{2.58}$$

$$\mathcal{H} = -\frac{\hbar^2}{2m}\nabla^2 \tag{2.59}$$

ここで m は電子の質量である．これまでと同様に波動関数を完全規格直交系 $\phi_k(x)$ を用いて

$$\psi(x,t) = \sum_k C_k(t)\phi_k(x) \tag{2.60}$$

と展開できる．ここで系の体積を L として $\phi_k(x) = e^{-ikx}/\sqrt{L}$ であり，展開係数は $C_k(t) = c_k e^{-i\varepsilon_k t}$ となる．これらを方程式に代入することで，エネルギーと波数との関係 (分散関係) $\varepsilon_k = \hbar^2 k^2/(2m)$ が得られる．波動関数の規格化条件から $\sum_k |C_k(t)|^2 = 1$ が得られ，$|C_k(t)|^2$ は時刻 t に電子が状態 k を占める確率と解釈される．

次に，電子数を増やして N 電子系に拡張しよう．古典力学で粒子として扱われる物体は量子力学では粒子性と同時に波動性を有しており，同種粒子は識別できない．これを考慮すると式 (2.60) で導入した一電子の波動関数をもとにして N 電子系の波動関数は

$$\Phi_{l_1,l_2,\ldots,l_N}(x_1, x_2, \ldots, x_N) = \frac{1}{\sqrt{N!}} \sum_{(P)} (-1)^{(P)} \phi_{l_1}(x_1)\phi_{l_2}(x_2)\cdots\phi_{l_N}(x_N) \tag{2.61}$$

の重ね合わせで表される．ここで $\sum_{(P)}$ は電子の座標の入れ替えに関する和であり，$(-1)^{(P)}$ は偶置換の場合に 1，奇置換の場合に -1 である．簡単な例として (l_1, l_2) で指定される 2 個のエネルギー準位に 2 個の電子が占める場合を考えよう．この場合の波動関数は

$$\Phi_{l_1,l_2}(x_1, x_2) = \frac{1}{\sqrt{2}} \begin{vmatrix} \phi_{l_1}(x_1) & \phi_{l_2}(x_1) \\ \phi_{l_1}(x_2) & \phi_{l_2}(x_2) \end{vmatrix} \tag{2.62}$$

となる．このような表現の仕方には以下のような改善の余地があるように思える：

(1) 上式は準位 l_1 を電子 1 が占め準位 l_2 を電子 2 が占有する状態と，準位 l_1 を電子 2 が占め準位 l_2 を電子 1 が占有する状態の重ね合わせである．元来識別できない同種粒子に番号を付けておき，その後に識別不可能性を考慮して電子の入れ替え操作を施しており，このような記述方法は自然の性質に即していないように思える．はじめから粒子を識別しない新しい記述方法はないのか．

(2) 粒子数が $N = 10^{23}$ の場合は Slater 行列式は式（2.61）のように形式的に書くにとどまり，具体的な表式を書き下すことはもはや不可能である．

(3) 式 (2.62) の波動関数は多次元空間（3 次元実空間の問題では 6 次元）の関数であり，実空間に実在する場とみなせない．そもそも波動関数 $\psi(x)$ は抽象的な状態を x 表示したもので，他の表示の波動関数とユニタリー変換により結びついていることから，実空間の関数として表すことが本質的とはいえない．多粒子系の状態を実空間の場として表す方法があるだろうか．

これらの疑問に答えるには粒子を中心とした記述を準位を中心とした記述に転換する必要があり，数学的には自由な一電子の波動関数である式 (2.60) に量子化を施せばよい．1 次元のひもの場合に導入したように，c 数である展開係数 c_k (c_k^*) を q 数である $\hat{c}_k$ ($\hat{c}_k^\dagger$) に変換して次の反交換関係

$$\{\hat{c}_k, \hat{c}_{k'}^\dagger\} = \delta_{kk'}, \quad \{\hat{c}_k, \hat{c}_{k'}\} = \{\hat{c}_k^\dagger, \hat{c}_{k'}^\dagger\} = 0 \tag{2.63}$$

を課す．これにより導入された場の演算子 $\hat{\psi}(x,t)$ と $\hat{\psi}^\dagger(x,t)$ は $\{\hat{\psi}^\dagger(x,t), \hat{\psi}(x',t)\} = \delta(x-x')$ を満たす．新しい理論形式におけるハミルトニアンは式 (2.59) の一電子ハミルトニアンをもとに

$$\hat{\mathcal{H}} = \int dx \hat{\psi}^\dagger(x) \left(-\frac{\hbar^2}{2m}\nabla^2\right) \hat{\psi}(x) = \sum_k \varepsilon_k \hat{c}_k^\dagger \hat{c}_k \tag{2.64}$$

と設定すればよい．1 次元のひもの問題と同様に，状態ベクトルは以下のように設定する．式 (2.63) の反交換関係を満たす演算子において $\hat{N}_k = \hat{c}_k^\dagger \hat{c}_k$ の固有値は 0 もしくは 1 であることを示すことができる [21]．この固有値を用いて系全体の状態ベクトルは $|n_1, n_2, n_3 \ldots\rangle$ で表され，これは $|0,0,0,\ldots\rangle$ から $|1,1,1,\ldots\rangle$ まですべての可能な粒子数と各エネルギー準位の占有方法についての状態が含まれている．式 (2.64) のハミルトニアンでは，$\hat{N}_k$ を電子（フェルミ粒子）の粒子数を表す演算子，ε_k を波数 k の電子のエネルギーとみなすことができる．この理論ではあらかじめ電子を識別することなくエネルギー準位を占有する電子数により状態を記述しており，より自然に即した記述方法である．

量子力学の波動関数 $\psi(x)$ やその展開係数である c_k は観測量 (observable) ではなく出現確率と関係するものであり，1 回の測定により確定する量ではない．したがって，1 次元のひもの場合と異なりこれらを q 数化することの物理的な

意味は必ずしも明確ではない．これについては，場の量子論が発表された当時に研究者にどのように受け入れられたかについて，文献 [20] に生き生きとした文章があるので一読をお勧めする．

上記のように発見的方法として導入された場の量子論は様々な電子数からなる多体電子系の量子論を含むことが示される．N 個の電子からなる量子状態として以下の座標表示の状態ベクトル

$$|x_1, x_2, \cdots, x_N\rangle = \frac{1}{\sqrt{N!}}\hat{\psi}^\dagger(x_1)\hat{\psi}^\dagger(x_2)\cdots\hat{\psi}^\dagger(x_N)|0\rangle \tag{2.65}$$

を導入する．ここで $|0\rangle$ は電子の真空である．任意の状態ベクトルをこれらの重ね合わせとして

$$|\Psi(t)\rangle = \sum_{N=0}^{\infty}\int dx_1 dx_2\cdots dx_N C(x_1, x_2\cdots x_N; t)|x_1, x_2\cdots x_N\rangle \tag{2.66}$$

と表す．この展開係数が N 粒子系の量子力学における Schrödinger 方程式

$$i\hbar\frac{\partial}{\partial t}C(x_1, x_2, \cdots, x_N; t) = \mathcal{H}C(x_1, x_2, \cdots, x_N; t) \tag{2.67}$$

を満たすことが示される．ここで $\mathcal{H} = \sum_{i=1}^{N}\mathcal{H}_i$ は N 電子系の量子力学におけるハミルトニアンで，$\mathcal{H}_i$ は式 (2.59) の x を x_i で置き換えたものである．

これまでは自由な電子系の量子力学に基づいて場の量子論の定式化を行った．一体のポテンシャル $V(x)$ のある場合，また電子間の相互作用 $U(|x_1 - x_2|)$ がある場合にはこれに相当する場の量子論のハミルトニアンとして場の演算子を用いて

$$\begin{aligned}\hat{\mathcal{H}}' &= \int dx\hat{\psi}^\dagger(x)V(x)\hat{\psi}(x)\\&\quad + \frac{1}{2}\int dxdx'\hat{\psi}^\dagger(x)\hat{\psi}^\dagger(x')U(|x - x'|)\hat{\psi}(x')\hat{\psi}(x)\end{aligned} \tag{2.68}$$

と変換すればよい．

場の量子論は多粒子系の量子力学を含むのみならず，有限粒子系の量子力学では記述できない豊富な物理現象を取り扱うことができる．特に場の量子論は粒子数が無限個の場合を含んでおり，その基底を張る状態ベクトルは連続無限個存

在する．有限系の量子力学においては，様々な表示の状態ベクトルや演算子はユニタリー変換により移り変わることで互いに等価であることが von Neumann の一意性定理として保証されており，どの表示を用いても一般性を失わない．他方，場の量子論ではユニタリー変換により移れないユニタリー非同値な空間が存在する．これらは物性物理でお馴染みな自発的対称性の破れや相と対応している．

第3章

軌道自由度と格子自由度

電子の軌道自由度とスピン自由度を比較したとき，前者においては格子との大きな結合を無視することができない．軌道自由度のある分子では，分子構造の変形により軌道縮退が解けることがJahn-Teller効果として知られており，分子の磁性や光学特性に豊富な物理・化学現象をもたらしている．本章ではJahn-Teller効果の起源となる軌道自由度を有するイオンの電子格子相互作用について考察する．これは第4章で述べる固体内の軌道自由度間の相互作用や格子変形を考察する際の基礎となる．軌道自由度のある電子格子結合系は，遅い変数・速い変数という力学変数の2重構造と電子状態の縮退点の存在により幾何学的位相の問題と深く関係している．幾何学的位相の一般論と電子格子系における効果について3.1節で簡単に解説する．

3.1 幾何学的位相

具体的な電子系と格子系の説明をするにあたり，この章ではこれと密接に関係するBerry位相，もしくは幾何学的量子位相とよばれる量子力学的位相について説明する．これについてはすでにいくつかの成書やレヴューも出版されており[26–29]，ここでは電子格子相互作用とJahn-Teller効果の理解に必要な事項を簡単にまとめる．

幾何学的位相の研究は1984年のBerryの論文が契機となり[30]，現在まで様々な物理学の分野において重要な概念のひとつとして広く認識されている．固体物理学の研究分野に限定しても，分数量子Hall効果，量子スピン鎖におけるHaldaneギャップ，強誘電体の電気分極の問題，スピントロニクスにおける様々な現象，トポロジカル絶縁体と周辺物質など枚挙に暇がない．その原点は1950年から60年代のPancharatnamによる偏光の干渉やAharanovとBohmによるいわゆるAB効果，この章で取り上げるLonguet-HigginsによるJahn-Teller効果の研究までさかのぼることができる．

幾何学的位相の背景には，量子力学的に取り扱う“速い変数”と古典的な外部パラメータとして取り扱う“遅い変数”との結合が本質的に存在し，Berryはこれを“Rest of Universe”と表現している．前者を象徴的に$\mathbf{r}$，後者をλで記し，そのパラメータ空間Γ（ここでは3次元空間とする）を考える．ハミルトニアンは$\mathcal{H}(\mathbf{r}, \nabla_{\mathbf{r}}, \lambda)$，この$n$番目の固有関数と固有エネルギーをそれぞれ$\psi_n(\mathbf{r}, \lambda)$，$E_n(\lambda)$と記す（以下では煩雑さを避けるために必要に応じて$\psi(\lambda)$，$E(\lambda)$とも記す）．系がこのパラメータ空間を時間$t = 0$から$t = T$まで断熱的に運動したときに，パラメータは$\lambda(0)$から$\lambda(T)$まで変化するものとする．このとき，系の波動関数には通常の運動学的な位相$\exp[-i \int_0^T dt E_n\{\lambda(t)\}]$とは別に位相$e^{-i\gamma}$が生じる場合があり，これを幾何学的位相とよぶ．$\Gamma$空間内の微小距離隔てた2点$\lambda$と$\lambda + \boldsymbol{\Delta}\lambda$における波動関数をそれぞれ$|\psi(\lambda)\rangle$，$|\psi(\lambda + \boldsymbol{\Delta}\lambda)\rangle$とする．この2点におけるBerry位相の差は

$$\Delta\phi = i\langle\psi(\lambda)|\nabla_\lambda \psi(\lambda)\rangle \boldsymbol{\Delta}\lambda \tag{3.1}$$

で定義される．これは，点λにおける波動関数の位相因子$e^{-i\phi(\lambda)}$と波動関数が規格化されていることを用いることで得られる$\nabla_\lambda|\psi(\lambda)\rangle = -i(\Delta\phi/\Delta\lambda)|\psi(\lambda)\rangle$から容易に導かれる．これを拡張することで，パラメータ空間内の閉じた経路Cを一周した場合に生じるBerry位相は

$$\gamma = \oint_C d\phi = i \oint_C \langle\psi(\lambda)|\nabla_\lambda \psi(\lambda)\rangle d\lambda \tag{3.2}$$

で与えられる．

式(3.2)の被積分関数

$$\mathbf{A}(\lambda) = i\langle\psi(\lambda)|\nabla_\lambda \psi(\lambda)\rangle \tag{3.3}$$

ならびにその回転

$$\mathbf{B}(\lambda) = \nabla_\lambda \times \mathbf{A}(\lambda) \tag{3.4}$$

は，それぞれ接続（もしくは，“ベクトル・ポテンシャル”）ならびに曲率（もしくは，“磁束密度”）とよばれる．これらを用いると Berry 位相は

$$\gamma = \oint_C \mathbf{A}(\lambda) d\lambda = \int_S \mathbf{B}(\lambda) \hat{n} d\sigma \tag{3.5}$$

と表すことができる．最後の式において，S は経路 C を外周とするパラメータ空間内の曲面であり，その微小領域の面積を $d\sigma$，その法線方向の単位ベクトルを $\hat{n}$ とした．つまり，Berry 位相は曲面 S を貫く“磁束”の数として表される．

いま，波動関数の位相変換として次のゲージ変換

$$|\psi(\lambda)\rangle \to e^{i\chi(\lambda)}|\psi(\lambda)\rangle \tag{3.6}$$

を考える．ここで $\chi(\lambda)$ は λ のスカラー関数である．これを式 (3.3) と式 (3.4) に施すと，それぞれ

$$\mathbf{A}(\lambda) \to i\langle\psi(\lambda)|\nabla_\lambda \psi(\lambda)\rangle - \nabla_\lambda \chi(\lambda) \tag{3.7}$$

$$\mathbf{B}(\lambda) \to \nabla_\lambda \times \mathbf{A}(\lambda) \tag{3.8}$$

となる．ここで $\nabla_\lambda \times \nabla_\lambda \chi(\lambda) = 0$ を用いた．これから $\mathbf{A}(\lambda)$ はゲージ不変ではなく観測可能ではないこと，$\mathbf{B}(\lambda)$ は観測可能であることがわかる．Berry 位相は $\mathbf{B}(\lambda)$ を用いて式 (3.2) のように表されるから，これは観測可能である．

最後に，曲率の別の表式を求めておく．式 (3.3) における波動関数を基底状態の波動関数としてこれを改めて $|\psi_0(\lambda)\rangle$ と表す．$\chi_{ab} \equiv \langle\partial_a \psi_0(\lambda)|\partial_b \psi_0(\lambda)\rangle = \chi'_{ab} + i\chi''_{ab}$ を定義すると，$\mathbf{B}(\lambda)$ の c 成分は

$$\begin{aligned} B_c(\lambda) &= i \sum_{ab} \varepsilon_{abc} \partial_a \langle\psi_0(\lambda)|\partial_b \psi_0(\lambda)\rangle \\ &= i \sum_{ab} \varepsilon_{abc} \left(\chi'_{ab} + i\chi''_{ab} + \langle\psi_0(\lambda)|\partial_a \partial_b \psi_0(\lambda)\rangle\right) \\ &= -\mathrm{Im} \sum_{ab} \varepsilon_{abc} \chi_{ab} = -\mathrm{Im}\left[\langle\nabla_\lambda \psi_0(\lambda)| \times |\nabla_\lambda \psi_0(\lambda)\rangle\right]_c \end{aligned} \tag{3.9}$$

となる．ここで ∇_λ の各成分を ∂_a などと表し，また Levi-Civita の完全反対称テンソルの性質 $\varepsilon_{abc} = \varepsilon_{bca}$ と $\chi_{ab} = \chi_{ba}^*$ を用いた．式 (3.9) の最後の式に完全系 $\sum_l |\psi_l(\lambda)\rangle\langle\psi_l(\lambda)|$ を挿入すると

$$B(\lambda) = -\mathrm{Im}\sum_{l\neq 0}\langle\nabla_\lambda\psi_0(\lambda)|\psi_l(\lambda)\rangle \times \langle\psi_l(\lambda)|\nabla_\lambda\psi_0(\lambda)\rangle \tag{3.10}$$

となる．ここで $\langle\psi_0(\lambda)|\nabla_\lambda\psi_0(\lambda)\rangle$ が純虚数であるために和から除外できることを用いている．他方，Schrödinger 方程式 $\mathcal{H}(\lambda)|\psi(\lambda)\rangle = E(\lambda)|\psi(\lambda)\rangle$ の左から ∇_λ を作用すると

$$\begin{aligned}(\nabla_\lambda\mathcal{H}(\lambda))|\psi_0(\lambda)\rangle &+ \mathcal{H}(\lambda)\nabla_\lambda|\psi_0(\lambda)\rangle \\ &= (\nabla_\lambda E(\lambda))|\psi_0(\lambda)\rangle + E(\lambda)\nabla_\lambda|\psi_0(\lambda)\rangle\end{aligned} \tag{3.11}$$

となり，これに左から $\langle\psi_l(\lambda)|$ を施すことで

$$\langle\psi_l(\lambda)|\nabla_\lambda\psi_0(\lambda)\rangle = \frac{\langle\psi_0(\lambda)|\nabla_\lambda\mathcal{H}(\lambda)|\psi_l(\lambda)\rangle}{E_0(\lambda) - E_l(\lambda)} \tag{3.12}$$

が得られる．これを式 (3.10) に代入すると曲率の表式として

$$\mathbf{B}(\lambda) = -\mathrm{Im}\sum_{l\neq 0}\frac{\langle\psi_0(\lambda)|\nabla_\lambda\mathcal{H}(\lambda)|\psi_l(\lambda)\rangle \times \langle\psi_l(\lambda)|\nabla_\lambda\mathcal{H}(\lambda)|\psi_0(\lambda)\rangle}{[E_l(\lambda) - E_0(\lambda)]^2} \tag{3.13}$$

が得られる．これはパラメータ空間においてエネルギーの縮退点 $E_l(\lambda) = E_0(\lambda)$（準位交差点）があれば，その点は曲率の特異点であることを意味している．電磁気学との類推により言い換えれば，この点に存在する "磁気単極子" が "磁束" を生成し，曲面 S を貫通する磁束の和として表される Berry 位相は "磁気単極子" の情報を反映しているといえる．

3.2 断熱近似と断熱ポテンシャル

固体内の電子と原子核の運動並びに両者の間の相互作用を考える．そのハミルトニアンは

$$\mathcal{H} = \mathcal{H}_e + \mathcal{H}_n + \mathcal{H}_{en} \tag{3.14}$$

と一般的に表される．第 1 項，第 2 項がそれぞれ電子と原子核に関する項であり，第 3 項が電子・原子核相互作用項である．これらは電子の座標 $(\mathbf{r}_1, \mathbf{r}_2, \ldots)$ と原子核の座標 $(\mathbf{R_1}, \mathbf{R}_2, \ldots)$ の関数である．具体的には

$$\mathcal{H}_e = \sum_i \left(-\frac{\hbar^2}{2m} \nabla^2_{r_i} \right) + \frac{1}{2} \sum_{ij} v\left(|\mathbf{r}_i - \mathbf{r}_j|\right) \tag{3.15}$$

$$\mathcal{H}_n = \sum_i \left(-\frac{\hbar^2}{2M} \nabla^2_{R_i} \right) + \frac{1}{2} \sum_{ij} V\left(|\mathbf{R}_i - \mathbf{R}_j|\right) \tag{3.16}$$

$$\mathcal{H}_{en} = \sum_{ij} w(|\mathbf{r}_i - \mathbf{R}_j|) \tag{3.17}$$

で与えられる．ここで m と M はそれぞれ電子，原子核の質量，$v\left(|\mathbf{r}_i - \mathbf{r}_j|\right)$, $V\left(|\mathbf{R}_i - \mathbf{R}_j|\right)$, $w(|\mathbf{r}_i - \mathbf{R}_j|)$ はそれぞれ電子間相互作用，原子核間相互作用ならびに電子と原子核との相互作用である．以下では煩雑さを避けるために $(\mathbf{r}_1, \mathbf{r}_2, \ldots)$ ならびに $(\mathbf{R_1}, \mathbf{R}_2, \ldots)$ をそれぞれ $\mathbf{r}$ ならびに $\mathbf{R}$ と表し，これに伴い式 (3.15)–(3.17) に現れる記号を $\nabla_{\mathbf{r}}$, $\nabla_{\mathbf{R}}$ 等と記す．

上記のハミルトニアンのように電子と原子核の 2 種類の量子力学的自由度が結合した系では，両者の座標の関数として波動関数 $\Phi(\mathbf{r}, \mathbf{R})$ を考え，式 (3.14) のハミルトニアンに対する Schrödinger 方程式

$$\mathcal{H}\Phi_{\mathcal{L}}(\mathbf{r}, \mathbf{R}) = \mathcal{E}_{\mathcal{L}}\Phi_{\mathcal{L}}(\mathbf{r}, \mathbf{R}) \tag{3.18}$$

を解くのが正統的な方法である．ここで $\mathcal{L}$ は結合した系の状態を分類する量子数である．しかしながら，電子の質量 m が原子核の質量 M と比較して十分小さいため，次に述べる断熱近似がよい取り扱いとなる．まず全体の波動関数を，電子に関する部分 $\psi_l(\mathbf{r}, \mathbf{R})$ と原子核に関する部分 $\Psi_{Ll}(\mathbf{R})$ の積として

$$\Phi_{Ll}(\mathbf{r}, \mathbf{R}) = \psi_l(\mathbf{r}, \mathbf{R})\Psi_{Ll}(\mathbf{R}) \tag{3.19}$$

と近似的に表す．ここで，L と l はそれぞれ原子核と電子に関する量子数である．電子に比べて原子核の運動は遅いため，電子状態を考える際には原子核が

静止しているとし $\psi_l(\mathbf{r},\mathbf{R})$ における $\mathbf{R}$ を古典的な自由度として扱う．具体的には量子力学的自由度である電子座標 $\mathbf{r}$ に着目し，電子に関する Schrödinger 方程式

$$(\mathcal{H}_e + \mathcal{H}_{en})\,\psi_l(\mathbf{r},\mathbf{R}) = E_l(\mathbf{R})\psi_l(\mathbf{r},\mathbf{R}) \tag{3.20}$$

を解けばよい．ここで $\mathcal{H}_{en}$ における $\mathbf{R}$ は方程式の外から与えられる古典的なパラメータであり，この方程式を解くことで $\mathbf{R}$ の関数として電子の l 番目の波動関数 $\psi_l(\mathbf{r},\mathbf{R})$ とその固有エネルギー $E_l(\mathbf{R})$ が求まる．一方，原子核の状態を考える際にはその運動は電子に比べて非常に遅いため，電子は 1 つの固有状態にとどまっていると考えてよい．波動関数 $\Psi_{Ll}(\mathbf{R})$ において，電子の量子数 l は一定のままとし，式 (3.18) に式 (3.19) を代入して式 (3.20) を使うことで

$$(\mathcal{H}_n + E_l(\mathbf{R}))\,\psi_l(\mathbf{r},\mathbf{R})\Psi_{Ll}(\mathbf{R}) = \mathcal{E}_{Ll}\psi_l(\mathbf{r},\mathbf{R})\Psi_{Ll}(\mathbf{R}) \tag{3.21}$$

が得られる．式 (3.21) の左から $\psi_m^*(\mathbf{r},\mathbf{R})$ をかけて $\mathbf{r}$ について積分すると

$$\begin{aligned}\frac{1}{2M}\left\{-\hbar^2\nabla_{\mathbf{R}}^2\delta_{lm} + 2i\hbar\mathbf{A}(\mathbf{R})_{ml}\nabla_{\mathbf{R}} + [\mathbf{A}(\mathbf{R})^2]_{ml}\right\}\Psi_{Ll}(\mathbf{R}) + W_{ml}(\mathbf{R})\Psi_{Ll}(\mathbf{R})\\ = \delta_{ml}\mathcal{E}_{Ll}\Psi_{Ll}(\mathbf{R})\end{aligned} \tag{3.22}$$

が得られる．ここで

$$[\mathbf{A}(\mathbf{R})^n]_{ml} = \langle m|(i\hbar\nabla_{\mathbf{R}})^n|l\rangle \tag{3.23}$$

ならびに

$$W_{ml}(\mathbf{R}) = [V(\mathbf{R}) + E_l(\mathbf{R})]\,\delta_{ml} \tag{3.24}$$

を導入した．式 (3.22) は電子の波動関数 $\psi_l(\mathbf{r},\mathbf{R})$ を成分とする行列を用いて形式的に

$$\left[\frac{1}{2M}\left\{\mathbf{P}_{\mathbf{R}}\hat{1} - \hat{\mathbf{A}}(\mathbf{R})\right\}^2 + W(\mathbf{R})\hat{1}\right]\Psi_L(\mathbf{R}) = \mathcal{E}_L\hat{1}\Psi_L(\mathbf{R}) \tag{3.25}$$

と書くことができる．ここで $\hat{1}$ 単位行列である．式 (3.25) は原子核に関する Schrödinger 方程式であり，これを解くことで L 番目の固有状態 $\Psi_{Ll}(\mathbf{R})$ とエネルギー $\mathcal{E}_{Ll}$ が得られる．結局，式 (3.20) と式 (3.22) を連立して解くことで，式 (3.19) の電子・格子結合系の波動関数とエネルギーが得られる．

格子系の方程式 (3.25) を電子系がない場合の方程式と比較すると，$\mathbf{P_R} \to \mathbf{P_R} - \mathbf{A}(\mathbf{R})$ ならびに $V(\mathbf{R}) \to V(\mathbf{R}) + E_l(\mathbf{R})$ の変更がなされている [31–33]．前者は式 (3.23) を参照すると第 3.1 章で導入した "ベクトル・ポテンシャル" に相当し，後者は電子系のエネルギー $E_l(\mathbf{R})$ を取り込んだ格子のポテンシャルであり，断熱ポテンシャルとよばれる．この式において電子状態の非対角成分をもつのは $\mathbf{A}(\mathbf{R})_{ml}$ である．$E_l(\mathbf{R})$ と $E_m(\mathbf{R})$ が十分離れている場合には，この項と $\mathbf{P_R}$ の項の比は原子核と電子の波動関数の広がりを用いて評価でき，$\langle R\rangle/\langle r\rangle \sim (m/M)^{1/4} \sim 1/10$ が示される．これが無視できる場合には方程式は電子状態に対して対角成分のみを考えればよく，これは Born-Oppenheimer 近似とよばれる．一方，電子系のエネルギー準位が縮退している場合や間隔が大きくない場合，さらには $\mathbf{R}$ の関数として電子準位が交差する場合は，この近似は適切ではない．

3.3 Jahn-Teller 効果

前節の説明を踏まえて本章では軌道縮退のある分子構造の変形に関する重要な概念である "Jahn-Teller 効果" を紹介する．なお，Jahn-Teller 効果に関する代表的な書籍として [34,35] を挙げておく．

1937 年に Jahn と Teller は次の定理を見出した [36]：

> 線形の分子を除き，電子軌道縮退のある分子においてその幾何学的な構造は不安定である．

言い換えると，電子軌道縮退のある分子構造はそのエネルギーを下げるために変形する．変位が小さい場合，変形により生じる原子核間のポテンシャル・エネルギーの上昇はその 2 次であるのに対し，電子系のエネルギーの減少はその

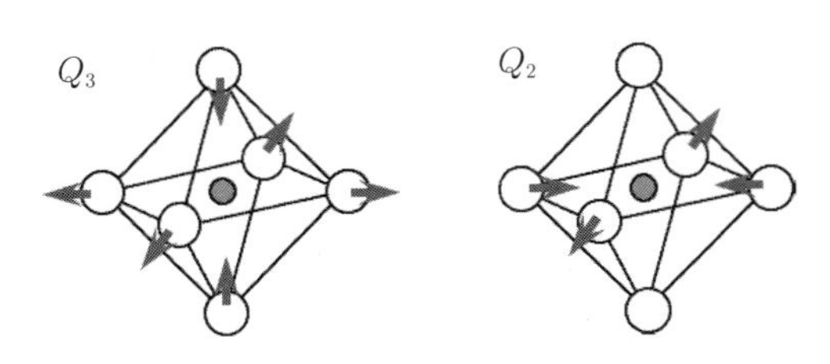

図 3.1　MA_6 分子における E_g 対称性の振動モード.

1次であり，後者が前者を上回ることに起因している．電子状態の縮退に起因した対称性の低下については1934年にLandauが指摘したのが最初であるといわれている [37]．JahnとTellerは様々な例を具体的に調べることで上記の定理を導いた．

具体的に考察するために遷移金属原子Mを中心にその周囲を6個の陰イオンAで囲まれた正八面体分子 MA_6 を考える．ここでMイオンと各Aイオンとの距離を a とする．2.3節で述べたように，Mイオンの d 軌道は結晶場分裂により2重縮退した e_g 軌道と3重縮退した t_{2g} 軌道に分裂するが，前者に1個の電子が占有する場合を考える．以下では簡単のために電子のスピン自由度を無視し，また磁場の印加がなくハミルトニアンの時間反転対称性が破れていない場合を考える．

この分子においてMイオンを固定した場合の分子変形は，$3 \times 6 - 6 = 12$ 個の基準モードに分類できる．このなかで e_g 軌道と結合するのは図3.1に示した Q_2 ならびに Q_3 の2つのモードである．これらを陽に記すと

$$
\begin{aligned}
Q_2 = \frac{1}{2\sqrt{3}} \Big[& -u_x(+x) + u_x(-x) - u_y(+y) + u_y(-y) \\
& + 2u_z(+z) - 2u_z(-z) \Big]
\end{aligned} \tag{3.26}
$$

$$
Q_3 = \frac{1}{2} \Big[u_x(+x) - u_x(-x) - u_y(+y) + u_y(-y) \Big] \tag{3.27}
$$

となる．ここでMイオンを座標の原点としてMイオンとAイオンを結ぶ方向を直交軸にとり，$(a, 0, 0)$ に位置するAイオンの変位の x 成分を $u_x(+x)$ 等と表記した．

式 (3.14) に従い分子変形と e_g 軌道との結合を表す次式のハミルトニアン

$$\mathcal{H} = \mathcal{H}_e + \mathcal{H}_n + \mathcal{H}_{en} \tag{3.28}$$

を考える．電子系に関するハミルトニアンはスピン自由度や電子間相互作用を無視して簡単な表式

$$\mathcal{H}_e = \varepsilon \sum_{\gamma} c_{\gamma}^{\dagger} c_{\gamma} \tag{3.29}$$

を仮定する．ここで $c_{\gamma}^{\dagger}$ (c_{γ}) は軌道 $\gamma\ (=2,3)$ に関する電子の生成（消滅）演算子で ε は軌道のエネルギーであり，$(3z^2-r^2, x^2-y^2) \leftrightarrow (2,3)$ の対応関係を用いた．ε をエネルギーの基準とすることで以下ではこの項を考慮しない．分子変形に関する第 2 項は

$$\mathcal{H}_n = \sum_{\Gamma(=2,3)} \left[-\frac{\hbar^2}{2M} \frac{\partial^2}{\partial Q_{\Gamma}^2} + \frac{1}{2} K Q_{\Gamma}^2 \right] \tag{3.30}$$

であり，K はばね定数である．第 3 項の相互作用は

$$\mathcal{H}_{en} = g \begin{pmatrix} c_{3z^2-r^2}^{\dagger} & c_{x^2-y^2}^{\dagger} \end{pmatrix} \begin{pmatrix} Q_3 & Q_2 \\ Q_2 & -Q_3 \end{pmatrix} \begin{pmatrix} c_{3z^2-r^2} \\ c_{x^2-y^2} \end{pmatrix} \tag{3.31}$$

で与えられ，g は結合定数である．$Q_3 > 0\ (< 0)$ モードにより軌道縮退が解け $d_{3z^2-r^2}$ 軌道と $d_{x^2-y^2}$ 軌道のエネルギー準位がそれぞれ下降 (上昇) ならびに上昇 (下降) し，Q_2 モードは $d_{3z^2-r^2}$ 軌道と $d_{x^2-y^2}$ 軌道を混成させる．4.1 節の式 (4.2) で導入する大きさ 1/2 の擬スピン演算子を用いると，この項は

$$\mathcal{H}_{en} = 2g\,(T^z Q_3 + T^x Q_2) \tag{3.32}$$

と表される．

3.1 節における議論に従い電子の運動を考える際には原子核は静止しているものとして Q_{Γ} は古典的なパラメータとして取り扱う．このときハミルトニアンにおける電子の自由度を含む部分 $\mathcal{H}_e + \mathcal{H}_{en}$ は容易に対角化できる．座標変数として (Q_2, Q_3) の代わりに $Q_3 = \rho\cos\theta$ と $Q_2 = \rho\sin\theta$ で導入される (ρ, θ) を用いると，2 つのエネルギー固有値は

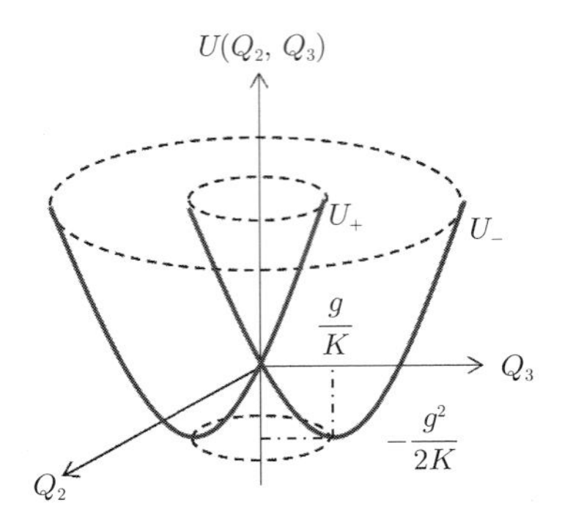

図 3.2　$e \times E$ 型 Jahn-Teller 効果における断熱ポテンシャル.

$$E_\pm(\rho, \theta) = \pm g\rho \tag{3.33}$$

となる．これに対応する固有状態の波動関数はそれぞれ

$$|\Psi_+(\theta)\rangle = \sin\frac{\theta}{2}|d_{3z^2-r^2}\rangle + \cos\frac{\theta}{2}|d_{x^2-y^2}\rangle \tag{3.34}$$

$$|\Psi_-(\theta)\rangle = \cos\frac{\theta}{2}|d_{3z^2-r^2}\rangle - \sin\frac{\theta}{2}|d_{x^2-y^2}\rangle \tag{3.35}$$

で与えられる．ここで，波動関数の全体にかかる位相因子を 1 とおき実関数にとった．これらの実関数を用いて式 (3.3) の θ 成分を計算すると

$$A = i\frac{1}{\rho}\langle\psi_-(\theta)|\nabla_\theta|\psi_-(\theta)\rangle = i\frac{1}{2\rho}\nabla_\theta\langle\psi_-(\theta)|\psi_-(\theta)\rangle = 0 \tag{3.36}$$

となる．断熱ポテンシャルは

$$U_\pm(\rho, \theta) = E_\pm(\rho, \theta) + \frac{1}{2}K\rho^2 \tag{3.37}$$

となり，その模式図を図 3.2 に示した．2 つの断熱ポテンシャル面はともに ρ のみに依存して θ に依存しないこと，$\rho = 0$ が断熱ポテンシャルの縮退点となっていることがわかる．

エネルギーの低い断熱面 $U_-(\rho, \theta)$ について詳しく考える．その極小値は $E_{JT} \equiv -g^2/(2K)$ であり，そのときの分子変形の大きさは $\rho = g/K$ である．

E_{JT} は分子変形によるエネルギーの低下を表し Jahn-Teller エネルギーとよばれる．これが θ に依存しないことから，安定となる電子軌道と格子変形のパターンは一意に決まらないことがわかる．エネルギー極小点に沿って断熱ポテンシャル面を一周する分子の連続的変形（$\theta_0 \to \theta_0 + 2\pi$）を考えると，電子系の波動関数は $|\psi_-(\theta_0)\rangle \to |\psi_-(\theta_0 + 2\pi)\rangle = -|\psi_-(\theta_0)\rangle$ となり，波動関数が 1 価ではなく位相が π ずれることがわかる．符号交代の原因は 2 つの断熱ポテンシャル面の縮退点 $\rho = 0$ にあること，つまり断熱的な分子変形運動の詳細によらずパラメータ空間における幾何学的構造が重要であることを意味しており，$\rho = 0$ は位相の特異点に相当している．

上記の考察をもとに格子の運動を考えよう．式 (3.30) で与えられる $\mathcal{H}_n$ に電子系からのポテンシャル $E_\pm(\theta)$ を加えた断熱ポテンシャル中の Schrödinger 方程式は

$$\left[-\frac{\hbar^2}{2M}\left(\frac{\partial^2}{\partial\rho^2} + \frac{1}{\rho}\frac{\partial}{\partial\rho} + \frac{1}{\rho^2}\frac{\partial^2}{\partial\theta^2}\right) + \frac{1}{2}K\rho^2 - g\rho\right]\Psi_-(\rho,\theta) = \varepsilon_-\Psi_-(\rho,\theta) \tag{3.38}$$

となる．式 (3.19) で与えられる電子・原子核系全体の波動関数 $\Phi(\rho,\theta)$ は θ に関して 1 価であるべきなので，原子核の波動関数 $\Psi_-(\rho,\theta)$ は θ に関して 2 価でなくてはいけない．したがって，この微分方程式の境界条件は $\Psi_-(\rho,\theta+2\pi) = -\Psi_-(\rho,\theta)$ となる．ここで，低い断熱ポテンシャル面の極小点近傍の運動に着目する．上式は 2 次元の中心力ポテンシャル中を運動する粒子の問題と等価であり，ρ と θ に関して波動関数の変数分離形 $\Psi(\rho,\theta) = \chi_m(\rho)e^{im\theta}$ を導入するのが便利である．上記の境界条件から量子数 m は正の整数 n を用いて $m = n + 1/2$ となる．一方，$\chi_m(\rho)$ に関する方程式は

$$\left(-\frac{\hbar^2}{2M}\frac{d^2}{d\rho^2} + \frac{K}{2}\rho^2 - g\rho + \frac{\hbar^2 m^2}{2M\rho^2}\right)\chi_m(\rho) = \varepsilon_m\chi_m(\rho) \tag{3.39}$$

となる．ポテンシャル・エネルギーの極小値 $\rho_0 = g/K$ 近傍の運動を考えるために変数 $\delta\rho = \rho - g/K$ を導入し，$\delta\rho$ は小さいとしてこれを展開すると

$$\left(-\frac{\hbar^2}{2M}\frac{d^2}{d\delta\rho^2} + \frac{K}{2}\delta\rho^2 + E_{JT} + \frac{\hbar^2 m^2}{2M(g/K)^2}\right)\chi_m(\rho) = \varepsilon_m\chi_m(\rho) \tag{3.40}$$

が得られる．これは調和振動子の方程式と等価であり，最終的にエネルギー固有値は正の整数 l と先に導入した量子数 m を用いて

$$\varepsilon_{ml} = E_{JT} + \hbar\omega\left(l + \frac{1}{2}\right) + \frac{\hbar^2 m^2}{2M(g/K)^2} \tag{3.41}$$

で与えられる．第2項は ρ に関する極小点近傍の調和振動子のエネルギーで，これは振幅 (amplitude) モードとよばれる．一方，第3項は θ に関する極小点に沿った回転運動のエネルギーで，これは位相 (phase) モードとよばれる．波動関数の2価性に起因して位相モードの量子数 m が半奇数であり，これが準位エネルギーに反映する．このようなエネルギーにおける幾何学的位相の効果は Na_3 分子や Li_3 分子における光学測定によりその可能性が探索されている [31].

ここで式 (3.34) の電子系の波動関数に戻り，幾何学的位相について考察する．式 (3.34) は θ に関して2価関数であるが，これを

$$|\Psi_-(\theta)\rangle = e^{i\frac{\theta}{2}}\left(\cos\frac{\theta}{2}|d_{3z^2-r^2}\rangle - \sin\frac{\theta}{2}|d_{x^2-y^2}\rangle\right) \tag{3.42}$$

のように全体の位相因子を導入することで θ に関して1価の複素関数とすることができる．この表式と式 (3.3) を用いると $\langle\Psi_-(\theta)|A(\theta)|\Psi_-(\theta)\rangle = -1/(2\rho)$ が得られる．原子核系の運動は，$A(\theta)$ を考慮した Schrödinger 方程式を波動関数が θ に関して1価の境界条件で解くことで得られる．これはゲージ変換であり式 (3.41) のエネルギー等は不変に保たれる．ここで取り上げた $e \times E$ 型 Jahn-Teller 系では電子と原子核との結合項が式 (3.32) のように軌道擬スピン演算子を用いて $\mathcal{H} = C_xT^x + C_zT^z$（ここで C_x と C_z は実数) の形で与えられる．固有状態の波動関数は全体にかかる位相因子を除いて実関数ととることが可能であり，この場合は接続はゼロとなり断熱変化による波動関数の位相が接続により与えられない．他方，断熱的に変動する磁場中の大きさ 1/2 のスピンのように，相互作用が $\mathcal{H} = C_xT^x + C_yT^y + C_zT^z$（ここで係数はいずれも実数）で与えられる場合では，波動関数は本質的に複素関数となり接続は有限になりうる．この場合は大局的な性質である位相変化は局所的な接続と関係づけることができる．両者はトポロジーにおいて異なる類に分類されるものと考えられている [27].

前述のように $e \times E$ 型の Jahn-Teller 系においては，断熱ポテンシャル面の極小エネルギーは θ によらないため，安定となる電子軌道とこれに伴う原子核の変位パターンは一意に決まらない．断熱ポテンシャル $U_-(\theta)$ において異方性を与えるのは，式 (3.30) と式 (3.31) では考慮されていない原子核に対する非調和ポテンシャル

$$\mathcal{H}_{\mathrm{AH}} = B\left(Q_3^3 - 3Q_3Q_2^2\right) \tag{3.43}$$

ならびに，高次の電子・原子核間の相互作用

$$\mathcal{H}_{\mathrm{hJT}} = 2C\left[(Q_3^2 - Q_2^2)T^z - 2Q_2Q_3T^x\right] \tag{3.44}$$

が必要である．これらは断熱ポテンシャルに

$$V(\theta) = \left(B\rho^3 + C\rho^2\right)\cos 3\theta \tag{3.45}$$

の θ に関する 3 倍周期の異方性を与える．これにより $\theta = 0, 2\pi/3, 4\pi/3$ もしくは $\pi/3, \pi, 5\pi/3$ がポテンシャルの極小となり，連続的な縮退は解けて 3 個の縮退した状態となる．

これまで 2 重縮退した e_g 軌道と，これと結合する分子変形による $e \times E$ 型の Jahn-Teller 系を考えたが，3 重縮退した t_{2g} 軌道に 1 個の電子が占有する状態における場合も同様に考察することができ，これは $(e+t) \times T$ 型の Jahn-Teller 系とよばれる．ここでは核の変位として図 3.1 [式 (3.26) と式 (3.27)] で与えられる変位モードに加えて図 3.3 に示した Q_{yz}，Q_{zx}，Q_{xy} の 3 種類の変位を導入する．具体的には

$$Q_{xy} = \frac{1}{2}\Big[u_y(+x) - u_x(+y) - u_y(-x) + u_x(-y)\Big] \tag{3.46}$$

等で与えられる．これを用いると相互作用ハミルトニアンは

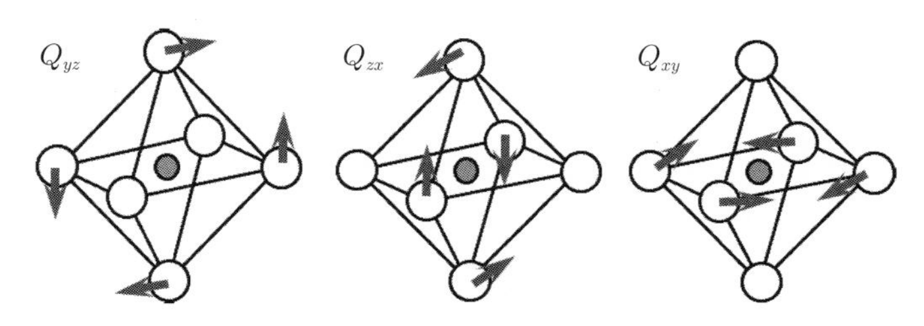

図 3.3　MA_6 分子における T_2 対称性の振動モード.

$$\mathcal{H}_{en} = \begin{pmatrix} c^\dagger_{yz} & c^\dagger_{zx} & c^\dagger_{xy} \end{pmatrix} \begin{pmatrix} g_E(Q_3 - Q_2) & g_T Q_{xy} & g_T Q_{zx} \\ g_T Q_{xy} & g_E(Q_3 + Q_2) & g_T Q_{yz} \\ g_T Q_{zx} & g_T Q_{yz} & -2g_E Q_3 \end{pmatrix} \begin{pmatrix} c_{yz} \\ c_{zx} \\ c_{xy} \end{pmatrix} \tag{3.47}$$

となる．ここで g_E ならびに g_T は結合定数である．簡単のために $e \times T$ 型 Jahn-Teller 系とよばれる $g_E > 0$, $g_T = 0$ の場合を考える．式 (3.47) は対角形となり，$a_E = g_E/K$ として $(Q_2, Q_3) = (a_E/2, -a_E/2)$, $(-a_E/2, -a_E/2)$, $(0, a_E)$ の 3 つの変位でポテンシャルが極小点をとり，エネルギーは g_E^2/K となる．他方，$t \times T$ 型 Jahn-Teller 系とよばれる $g_E = 0$, $g_T > 0$ の場合は，$a_T = 2g_T/(3K)$ として

$$\begin{aligned}(Q_{yz}, Q_{zx}, Q_{xy}) =& (-a_T, -a_T, -a_T), \quad (-a_T, a_T, a_T), \quad (a_T, -a_T, a_T), \\ & (a_T, a_T, -a_T)\end{aligned}$$

で極小をとり，エネルギーは $2g_T^2/(3K)$ となる．$e \times E$ 型 Jahn-Teller 系と異なり，高次の相互作用や格子の非調和ポテンシャルを導入しなくても安定な分子変形が 3 個に限定されている．

これまで核の運動は最低の断熱ポテンシャル面上に束縛されているものと考えた．運動エネルギーが断熱ポテンシャル間のエネルギー間隔と同程度になると断熱近似が妥当ではなくなり，電子と原子核を同時に量子力学的自由度として取り扱わなければならない．これは動的 Jahn-Teller 効果とよばれるが，本書で

はこれ以上触れない．固体では軌道縮退の存在するイオンが格子上に周期的に配列し，各サイトの縮退軌道には本節で考察したものと同様の電子–原子核相互作用が働く．これは一般的にマルチ Jahn-Teller 中心系とよばれる．本節で取り扱った分子変形の問題と本質的に異なるのは，各々の軌道自由度を中心とした原子核の変形が固体中ではもはや独立ではないことであり，これにより異なるサイトの軌道自由度間に相互作用が生じる．これについては協力的 Jahn-Teller 効果として 4.8 節で紹介する．

第4章 強相関系の軌道模型

本章では第2, 3章の議論をもとにして，軌道縮退のあるイオンが結晶格子上に配列した場合に働く軌道間相互作用について考察する．固体中では様々な形の軌道間相互作用が働くが，遷移金属酸化物などの軌道縮退のある Mott 絶縁体においては超交換相互作用（運動交換）が主要な相互作用となる．Kugel-Khomskii 模型とよばれる低エネルギー領域の有効相互作用模型は，本章以降で述べる軌道秩序や軌道励起を考える際の基礎的な模型となる．そこで導入する「軌道フラストレーション効果」は本書を通して重要なキーワードとなる．これと密接に関係する話題として Jahn-Teller 効果に基づく軌道間相互作用ならびに2重交換相互作用を紹介する．なお Mott 絶縁体と Hubbard 模型について 4.3 節で簡単な解説をする．

4.1 軌道擬スピン演算子

軌道自由度間の相互作用を記述する際に，軌道に関する擬スピン演算子を導入するのが便利である．例として，2重縮退した e_g 軌道に1個の電子が占有する状態を考える．ここで2つの独立な軌道 $(d_{3z^2-r^2}, d_{x^2-y^2})$ を簡単のために $\gamma=(a,b)$ と記す．スピン自由度と軌道自由度により次の4状態 $\{|a\uparrow\rangle, |a\downarrow\rangle, |b\uparrow\rangle, |b\downarrow\rangle\}$ が完全系となり，スピン自由度に関しては大きさ 1/2 のスピン演算子

$$\mathbf{S}_i = \frac{1}{2}\sum_{\gamma s s'} c_{i\gamma s}^{\dagger}\sigma_{ss'}c_{i\gamma s'} \tag{4.1}$$

で記述され，ここで σ は Pauli 行列である．他方，軌道自由度に関しては

$$\mathbf{T}_i = \frac{1}{2}\sum_{\gamma\gamma' s} c_{i\gamma s}^{\dagger}\sigma_{\gamma\gamma'}c_{i\gamma' s} \tag{4.2}$$

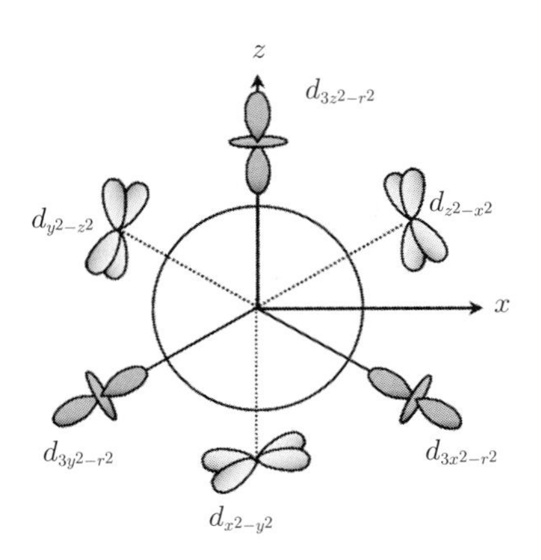

図 4.1　軌道擬スピン空間の xz 平面と軌道状態.

で定義される大きさ 1/2 の擬スピン演算子で記述される．擬スピン演算子とは，通常の大きさ 1/2 のスピン演算子と同じ交換関係 $[T^l, T^m] = (i/2)\varepsilon_{lmn}T^n$ (ε_{lmn} は Levi-Civita の完全反対称テンソル) を満たす演算子であり，2 つの独立な準位 $|d_{3z^2-r^2}\rangle$ と $|d_{x^2-y^2}\rangle$ をスピン空間における $|\uparrow\rangle$ と $|\downarrow\rangle$ に対応させたことに相当する．2 重縮退した e_g 軌道の波動関数は，一般的に

$$|\theta, \phi\rangle = \cos\left(\frac{\theta}{2}\right)|d_{3z^2-r^2}\rangle + e^{i\phi}\sin\left(\frac{\theta}{2}\right)|d_{x^2-y^2}\rangle \tag{4.3}$$

と表される．$\phi = 0$ の場合は波動関数は実関数となり，これは軌道擬スピン演算子の x 成分と z 成分の固有関数となりうる．例えば T^z の固有関数は $\theta = 0$ の $|d_{3z^2-r^2}\rangle$ と $\theta = \pi$ の $|d_{x^2-y^2}\rangle$ であり，それぞれの固有関数は $+1/2$ と $-1/2$ である．任意の θ の波動関数と軌道状態との対応関係を図 4.1 に示した．これは擬スピン演算子

$$T(\theta) \equiv \cos\theta T^z + \sin\theta T^x \tag{4.4}$$

の固有値 $+1/2$ に対する固有関数である．また T^y の固有値 $\pm 1/2$ に対する固有関数は

$$\left|\theta = \pm\frac{\pi}{2}, \phi = \pi\right\rangle = \frac{1}{\sqrt{2}}\left(|d_{3z^2-r^2}\rangle \pm i|d_{x^2-y^2}\rangle\right) \tag{4.5}$$

である．つまり軌道演算子はスピン演算子と異なり，その x, z 成分と y 成分は質的に異なる物理量を記述する．立方対称群 O_h において擬スピン演算子は $\mathrm{E}_g \times \mathrm{E}_g$ の積表現で表され，これは $A_{1g} + A_{2g} + E_g$ に簡約される．T_x と T_z が E_g 既約表現のように変換しこれが電気四極子を，T_y が A_2 既約表現のように変換し磁気八極子を表す [38,39]．また，A_{1g} は電気単極子を表す．

4.2 軌道自由度間の相互作用

固体中に規則的に配列した軌道自由度には以下のような様々な形の相互作用が働く．

4.2.1 Coulomb 相互作用

一般に異なるサイト（サイト i とサイト j）の電子間に働く Coulomb 相互作用は

$$\mathcal{H} = \sum_{ij} \sum_{\gamma_1 \sim \gamma_4} \sum_{ss'} J_{\gamma_1\gamma_2\gamma_3\gamma_4} c^\dagger_{i\gamma_1 s} c^\dagger_{j\gamma_2 s'} c_{j\gamma_3 s'} c_{i\gamma_4 s} \tag{4.6}$$

ならびに

$$\begin{aligned} J_{\gamma_1\gamma_2\gamma_3\gamma_4} &= \int d\mathbf{r}_1 d\mathbf{r}_2 \frac{e^2}{|\mathbf{r}_1 - \mathbf{r}_2|} \\ &\quad \times \psi_{\gamma_1}(\mathbf{r}_1 - \mathbf{R}_i)^* \psi_{\gamma_2}(\mathbf{r}_2 - \mathbf{R}_j)^* \psi_{\gamma_3}(\mathbf{r}_2 - \mathbf{R}_j) \psi_{\gamma_4}(\mathbf{r}_1 - \mathbf{R}_i) \end{aligned} \tag{4.7}$$

で記述される．ここで $\psi_\gamma(\mathbf{r} - \mathbf{R}_i)$ は，座標 $\mathbf{R}_i$ のサイト i における軌道 γ に対応する Wannier 軌道の波動関数である．特に $\gamma_1 = \gamma_4$ ならびに $\gamma_2 = \gamma_3$ の場合は

$$\mathcal{H} = \sum_{ij} \sum_{\gamma_1\gamma_2} J_{\gamma_1\gamma_2\gamma_2\gamma_1} n_{i\gamma_1} n_{j\gamma_2} \tag{4.8}$$

ならびに

$$J_{\gamma_1\gamma_2\gamma_2\gamma_1} = \int d\mathbf{r}_1 d\mathbf{r}_2 \frac{e^2}{|\mathbf{r}_1 - \mathbf{r}_2|} \rho_{\gamma_1}(\mathbf{r}_1) \rho_{\gamma_2}(\mathbf{r}_2) \tag{4.9}$$

となる．ここで $n_{i\gamma} = \sum_s c^\dagger_{i\gamma s} c_{i\gamma s}$ は電子数演算子であり，$\rho_{\gamma_i}(\mathbf{r}) = \psi_\gamma(\mathbf{r} - \mathbf{R}_i)^* \psi_\gamma(\mathbf{r} - \mathbf{R}_i)$ は電荷密度である．ここで電荷の空間分布の広がりより 2 つの原子間距離が大きいとき，($|\mathbf{r}_1|, |\mathbf{r}_2| > |\mathbf{R}_1 - \mathbf{R}_2|$) は Coulomb 相互作用は球面調和関数を用いて

$$\frac{1}{|\mathbf{r}_1 - \mathbf{r}_2|} = \sum_{l_1}^{\infty} \sum_{l_2}^{\infty} \frac{(-1)^{l_2} r_1^{l_1} r_2^{l_2}}{|\mathbf{R}_1 - \mathbf{R}_2|^{l_1+l_2+1}} \sum_{m_1=-l_1}^{l_1} \sum_{m_2=-l_2}^{l_2} B^{m_1 m_2}_{l_1 l_2} \times Y_{l_1+l_2\ -m_1-m_2}(\theta_0, 0) Y_{l_1 m_1}(\theta_1, \phi_1) Y_{l_2 m_2}(\theta_2, \phi_2) \tag{4.10}$$

と表すのが便利である．(r_i, θ_i, ϕ_i) $(i = 1, 2)$ は $\mathbf{r}_i$ の極座標表示で，θ_0 は $\mathbf{R}_1 - \mathbf{R}_2$ が z 軸に対してなす角である．係数は

$$B^{m_1 m_2}_{l_1 l_2} = \frac{(-1)^{m_1+m_2} (4\pi)^{3/2}}{[(2l_1+1)(2l_2+1)(2l_1+2l_2+1)]^{1/2}} \times \left[\frac{(l_1+l_2+m_1+m_2)!(l_1+l_2-m_1-m_2)!}{(l_1+m_1)!(l_1-m_1)!(l_2+m_2)!(l_2-m_2)!} \right]^{1/2} \tag{4.11}$$

で与えられる．これは電子の座標に関して $r_i^{l_i} Y_{l_i m_i}(\theta_i, \phi_i)$ を用いた多極子展開であり，式 (4.9) の積分はそれぞれの電子の座標に関して因子化されていることがわかる．

ここで量子力学における Wigner-Eckart の定理を復習しておこう．対象とする物理量を表すテンソル演算子を結晶の対称性における既約表現で分解することで，既約テンソル演算子 $\hat{T}$ とよばれる量を導入する．この演算子の方位量子数 l，磁気量子数 m の波動関数に関する行列要素 $\langle lm|\hat{T}|l'm'\rangle$ は，還元行列要素とよばれる m によらない部分と Clebsch-Gordan 係数の積として表される．さらに l が共通 $(l = l')$ な場合の行列要素に対しては，等価演算子とよばれる大きさ l の軌道角運動量演算子 $\mathbf{L}$ の組合せに対する行列要素に書き換えられる．具体的には $\langle lm|\cdots|lm'\rangle$ の行列要素を計算する際に

$$r^l \sqrt{\frac{4\pi}{2l+1}} Y_{lm}(\theta, \phi) \to \chi_l \langle r^l \rangle O^m_l \tag{4.12}$$

の置き換えが成り立つ．χ_l は還元行列要素であり，これは m や m' によらないため，ある演算子に対して行列要素を計算してこれを Clebsch-Gordan 係

数で割ることで求められる．$\langle r^l \rangle$ は動径方向に関する波動関数に関する期待値であり，O_l^m は等価演算子とよばれる．d 軌道においては $l = 0, 2, 4$ のみを考えれば十分であり，具体的に $O_2^0 = 3L_z^2 - L(L+1)$，$O_2^2 = L_x^2 - L_y^2$，$O_4^0 = 35L_z^4 - [30L(L+1) - 25]L_z^2 - 6L(L+1) + 3L^2(L+1)^2$, $O_4^4 = (L_+^4 + L_-^4)/2$ 等で表される．

上記の等価演算子法を用いると，異なるサイトの電気多極子間の Coulomb 相互作用は

$$\mathcal{H} = \sum_{ij} \sum_{l_1 l_2} \sum_{m_1 m_2} \Gamma_{l_1 l_2}^{m_1 m_2} O_{il_1}^{m_1} O_{jl_2}^{m_2} \tag{4.13}$$

とまとめることができ，相互作用定数は

$$\Gamma_{l_1 l_2}^{m_1 m_2} = \frac{(-1)^{l_2} e^2 \chi_{l_1} \chi_{l_2} \langle r^{l_1} \rangle \langle r^{l_2} \rangle}{4\pi |\mathbf{R}_1 - \mathbf{R}_2|^{l_1 + l_2 + 1}} B_{l_1 l_2}^{m_1 m_2} \sqrt{(2l_1 + 1)(2l_2 + 1)} \tag{4.14}$$

で与えられる [35]．簡単な例として，z 軸方向に距離 R だけ離れて配列した 2 つの p_z 軌道間に働く相互作用と，同じく z 軸方向に配列した 2 つの p_x 軌道間に働く相互作用を考えよう．前者は $O_{i2}^0 O_{j2}^0$ で，後者は $O_{i2}^2 O_{j2}^{-2} + h.c.$ で表される．前者のエネルギーは後者より $2e^2 \chi_2^2 \langle r^2 \rangle^2 / R^5$ だけ大きく，これは直観的な理解と合致する．

4.2.2 交換相互作用

スピン間の交換相互作用と同様に軌道自由度の間にも交換相互作用が働く．磁性体における交換相互作用については, 4.3 節で紹介する Mott 絶縁体と Hubbard 模型をもとに考察することが有効であり，磁性イオンが軌道縮退を有する場合はこれを軌道自由度のある場合に拡張することで交換相互作用を導出することができる．軌道縮退のある Mott 絶縁体の交換相互作用は，磁性絶縁体と同様にポテンシャル交換と運動交換に分類される [40]．前者は 4.2.1 項と同様の表式を用いると

$$\mathcal{H} = \sum_{ij} \sum_{\gamma_1 \gamma_2} K_{\gamma_1 \gamma_2 \gamma_1 \gamma_2} \sum_{ss'} c_{i\gamma_1 s}^{\dagger} c_{j\gamma_2 s'}^{\dagger} c_{i\gamma_1 s} c_{j\gamma_2 s'} \tag{4.15}$$

ならびに

$$K_{\gamma_1\gamma_2\gamma_1\gamma_2} = \int d\mathbf{r}_1 d\mathbf{r}_2 \frac{e^2}{|\mathbf{r}_1 - \mathbf{r}_2|} \rho_{\gamma_1\gamma_2}(\mathbf{r}_1)\rho^*_{\gamma_1\gamma_2}(\mathbf{r}_2) \tag{4.16}$$

で表される．ここで $\rho_{\gamma_1\gamma_2}(\mathbf{r}) = \psi^*_{\gamma_1}(\mathbf{r}-\mathbf{R}_i)\psi_{\gamma_2}(\mathbf{r}-\mathbf{R}_j)$ である．これは4.2.1項と同様に多極子展開により等価演算子により表すことができる．この相互作用については，立方格子上の e_g 軌道について詳しい解析がなされている [38,41]．式 (4.2) で導入した擬スピン演算子 $\mathbf{T}_i$ を用いると，

$$\begin{aligned}\mathcal{H} = \sum_{\langle ij\rangle} \Big[& I^{(0)}_{ij}\mathbf{S}_i\cdot\mathbf{S}_\mathbf{j} + I^{(1)}_{ij}\left(\frac{1}{4}+\mathbf{S}_i\cdot\mathbf{S}_\mathbf{j}\right)T^y_iT^y_j \\ & + I^{(2)}_{ij}\left(\frac{1}{4}+\mathbf{S}_i\cdot\mathbf{S}_\mathbf{j}\right)\left(T^x_iT^x_j + T^z_iT^z_j\right)\Big]\end{aligned} \tag{4.17}$$

で与えられる．ここで $I^{(0),(1),(2)}_{ij}$ は対応する式 (4.16) の交換積分を形式的に表したものである．

現実の遷移金属化合物では遷移金属イオンの間に陰イオンが存在し，多くの場合で直接の波動関数の重なりは小さい．幾何学的配置により波動関数が直交するなどの事情がない限り，運動交換の寄与がポテンシャル交換より大きいと考えられる．運動交換による軌道間相互作用は本書における主要な事項であり，次節から詳しく紹介する．

4.2.3　伝導電子を媒介とした相互作用

これまでは絶縁体を対象として軌道自由度間の相互作用について述べたが，金属においても伝導電子を媒介として軌道間相互作用が生じる．これは次の2つの場合に分けて考えるのが適切である．

(1) 希土類金属イオンにおける $4f$ 電子のような局在性の強い電子の軌道自由度の間に伝導電子を媒介として働く相互作用.

(2) 鉄族イオンにおける $3d$ 電子のような比較的遍歴性のよい電子の軌道自由度間に働く相互作用.

前者はいわゆるRKKY (Ruderman-Kittel-Kasuya-Yoshida) 型相互作用であり，

以下ではこれについて考察する [42, 43]．後者は 4.7 節と 5.3 節で詳しく紹介する．

サイト i に縮退した局在軌道の方位量子数，磁気量子数，スピン量子数をそれぞれ l, m, σ とし，これと結合する遍歴電子の波数とエネルギーをそれぞれ $\mathbf{k}, \varepsilon_{\mathbf{k}}$ とする．両者の間には軌道混成 V に起因したいわゆる sd 相互作用

$$\mathcal{H}_{cf} = \sum_i \sum_{lm\mathbf{k}\sigma} \left(c^\dagger_{\mathbf{k}\sigma} f_{ilm\sigma} \langle \mathbf{k}|V|lm\rangle e^{i\mathbf{k}\cdot\mathbf{R}_i} + h.c.\right) \tag{4.18}$$

が働く．ここで $c^\dagger_{\mathbf{k}\sigma}$ $(c_{\mathbf{k}\sigma})$ と $f^\dagger_{ilm\sigma}$ $(f_{ilm\sigma})$ はそれぞれ伝導電子と局在電子の生成（消滅）演算子である．この相互作用の 2 次摂動として局在電子状態が $f^n \to f^{n+1} \to f^n$ となる過程を考える．この過程の初期状態と中間状態とのエネルギー差は中間状態によらず Δ とすると，2 次摂動による伝導電子と局在電子間の相互作用は

$$\mathcal{H} = \sum_i \sum_{\mathbf{k}\mathbf{k}'\sigma\sigma'} \sum_{lmm'} B^{mm'}_{\mathbf{k}\mathbf{k}'\sigma\sigma'} e^{i(\mathbf{k}-\mathbf{k}')\cdot\mathbf{R}_i} c^\dagger_{\mathbf{k}\sigma} c_{\mathbf{k}'\sigma'} f^\dagger_{ilm'\sigma'} f_{ilm\sigma} \tag{4.19}$$

と表される．ここで相互作用定数は

$$B^{mm'}_{\mathbf{k}\mathbf{k}'\ \sigma\sigma'} = \langle lm\sigma|V|\mathbf{k}\rangle \frac{1}{\Delta} \langle lm'\sigma'|V|\mathbf{k}'\rangle^* \tag{4.20}$$

で与えられる．伝導電子の運動エネルギーと比較してこの相互作用が十分小さい場合は，この 2 次摂動として局在電子間の相互作用

$$\mathcal{H}_{\rm RKKY} = \sum_{ij\sigma\sigma'} \sum_{m_1m_2m_3m_4} D^{m_1m_2m_3m_4} f^\dagger_{ilm_1\sigma} f_{ilm_2\sigma'} f^\dagger_{jlm_3\sigma'} f_{jlm_4\sigma} \tag{4.21}$$

が得られる．ここで

$$D^{m_1m_2m_3m_4} = {\sum_{\mathbf{k}\mathbf{k}'}}' \frac{B^{m_1m_2}_{\mathbf{k}\mathbf{k}'\sigma\sigma'} B^{m_3m_4}_{\mathbf{k}'\mathbf{k}\sigma'\sigma}}{\varepsilon_{\mathbf{k}} - \varepsilon_{\mathbf{k}'}} \tag{4.22}$$

で与えられ，$\sum'_{\mathbf{k}\mathbf{k}'}$ は Fermi エネルギーを ε_F として $(\varepsilon_{\mathbf{k}} > \varepsilon_F,\ \varepsilon_{\mathbf{k}'} < \varepsilon_F)$ もしくは $(\varepsilon_{\mathbf{k}} < \varepsilon_F,\ \varepsilon_{\mathbf{k}'} > \varepsilon_F)$ を満たす $\mathbf{k}$ と $\mathbf{k}'$ に関する和である．上式の相互作用定数は局在電子の軌道自由度に依存しており，これは RKKY 相互作用に起因

した軌道間相互作用を表している．

本相互作用については CeB_6 において詳しい解析がなされている．この物質の Ce イオンでは $4f$ 軌道に 1 個の電子が占有し，大きなスピン軌道相互作用のため全角運動量 $J = 5/2$ が基底状態となる．立方対称の結晶場中ではその一部が解け，基底状態の Γ_8 状態は次の 2 組の Kramers 縮退

$$|+,\uparrow\rangle = \sqrt{5/6}|+5/2\rangle + \sqrt{1/6}|-3/2\rangle \tag{4.23}$$

$$|+,\downarrow\rangle = \sqrt{5/6}|-5/2\rangle + \sqrt{1/6}|+3/2\rangle \tag{4.24}$$

$$|-,\uparrow\rangle = |+1/2\rangle \tag{4.25}$$

$$|-,\downarrow\rangle = |-1/2\rangle \tag{4.26}$$

から構成される．ここで $|+5/2\rangle$ などは J^z の固有状態である．この Kramers 縮退ならびに非 Kramers 縮退をそれぞれ，大きさ 1/2 のスピン演算子 $\mathbf{S}_i$ と擬スピン演算子 $\mathbf{T}_i$ で記述する．これを用いると結晶の (001) 方向に配列したサイト i とサイト j の間の相互作用は式 (4.21) をもとにして

$$\begin{aligned}\mathcal{H}_{ij} = 2\left(\mathbf{S}_i \cdot \mathbf{S}_j + \frac{1}{4}\right)&\left[2D^{+-}\left(T_i^x T_j^x + T_i^y T_j^y\right)\right.\\ &\left. + D^{++}\left(\frac{1}{2} + T_i^z\right)\left(\frac{1}{2} + T_j^z\right) + D^{--}\left(\frac{1}{2} - T_i^z\right)\left(\frac{1}{2} - T_j^z\right)\right]\end{aligned} \tag{4.27}$$

と表される．ここで D^{+-} などは式 (4.22) を式 (4.23)–(4.26) を用いて書き換えたものであり，他の方向の相互作用は $\mathbf{T}_i$ の変換により同様に与えられる．

4.2.4 格子変位を媒介とした相互作用

電子を媒介とした軌道間相互作用に加えて，軌道自由度と原子核との相互作用に起因する軌道間相互作用が存在する．これは 3.3 節で導入した Jahn-Teller 効果の議論に基づいて定式化することができる．結晶格子の基準振動モードはフォノンであり，この相互作用はフォノンを媒介としたものと捉えられる．これについては協力的 Jahn-Teller 効果として 4.8 節で詳しく紹介する．

4.3 Mott 絶縁体と Hubbard 模型

次節以降で紹介する運動交換による軌道間相互作用の基礎として，この節ではMott 絶縁体と Hubbard 模型について簡単にまとめる．すでに修得している読者はこの節を読み飛ばしても差し支えない．

バンド理論において金属と絶縁体を判別するのは Fermi 準位がバンドを横切るか否かである．Fermi 準位がバンド内に位置する場合，電場等の弱い摂動により電子が空の準位に励起することが可能であり，これは Pauli の排他率と Fermi 縮退の帰結である．例として単純金属として知られる Li や Na などのアルカリ金属を考えよう．1 つの原子における電子配置は Li の場合は $(1s)^2(2s)^1$ で，Na の場合は $[\mathrm{Ne}](3s)^1$ である．最外殻の $2s$ 軌道もしくは $3s$ 軌道は自由電子モデルによる記述がよく，幅の広いバンド中に Fermi 準位が位置する．他方，典型的な絶縁体である NaCl はイオン結晶の視点に基づいた強束縛近似による電子状態の記述がよい．Na^+ と Cl^- の電子配置はそれぞれ $(1s)^2(2s)^2(2p)^6$ ならびに $[\mathrm{Ne}](3s)^2(3p)^6$ でいずれも閉殻構造である．第一原理計算によると，主に Cl の $3p$ 軌道からなる価電子バンドと Na の $3s$ ならびに $3p$ 軌道からなる伝導バンドの間に 5 eV 程度のギャップが存在する．

上記のようなバンドの占有・非占有に基づく金属と絶縁体の判定が NiO については成り立たないことを指摘したのは de Boer と Verwey である [44]．ここでは NiO より理解のしやすい高温超伝導体の母物質である $\mathrm{La_2CuO_4}$ について考察しよう．イオン結晶の立場からこの物質を考察すると各イオンの形式電荷は La^{3+}, Cu^{2+}, O^{2-} であり，Cu^{2+} の電子配置は $[\mathrm{Ar}](3d)^9$ である．Cu サイトにおける結晶場の対称性は D_{4h} であり，z 軸方向の結晶場が xy 面内のそれより弱いことから B_{1g} 状態が基底状態となる．したがって結晶場まで考慮した場合の Cu^{2+} の $3d$ 軌道の電子配置は $(d_{zx})^2(d_{yz})^2(d_{xy})^2(d_{3z^2-r^2})^2(d_{x^2-y^2})^1$ となり，最外殻軌道である $d_{x^2-y^2}$ 軌道は完全に電子により占有されていない．単純なバンド計算において Cu の $3d$ 軌道と O の $2p$ 軌道に起因するバンド内にフェルミ準位が位置することが示される．一方で $\mathrm{La_2CuO_4}$ の電気抵抗は温度の低下とともに強い増大を示しており，この物質が絶縁体であることを意味している．

上記のようなバンド理論により説明できない絶縁体について，電子間のCoulomb相互作用の重要性を指摘したのはMottとPeierlsの論文ならびにその後のMottによる論文である[45–47]．ここでは簡単のために，水素原子様の1個の軌道に平均的に1個の電子が存在する原子からなる系について考察しよう．この原子を周期的に配列し，原子間距離を仮想的に増大させる．原子間距離が小さい場合は，隣り合う電子軌道の重なりが大きくバンド巾が広いため系は金属となる．これを徐々に増大させると，ある原子間距離で電子はイオンの正電荷によるポテンシャルに捕獲されるために水素分子のHeitler-London模型に近い状態をとり，系は絶縁体となる．電子が捕獲されると正電荷ポテンシャルを遮蔽する効果が働きにくくなるため，この転移は雪崩的に起きることが予想される．

電子間の長距離Coulomb相互作用の代わりに，同じサイト内の電子間相互作用のみを考慮して金属絶縁体転移を議論したのはHubbardであり[48]，簡潔な模型を提案し解析することでその後の研究が著しく発展した．特に銅酸化物高温超伝導体の母物質の性質がこれによりよく理解されることが指摘され，莫大な研究を生むことになった．以降では，これに基づいてMott絶縁体について簡単な説明をする．

N 電子系の量子力学において次のハミルトニアンを考える．

$$\mathcal{H} = \sum_{i=1}^{N} \left(-\frac{\hbar^2}{2m} \nabla_i^2 \right) + \sum_{ij} V(|\boldsymbol{r}_i - \boldsymbol{R}_j|) + \sum_{ij} U(|\boldsymbol{r}_i - \boldsymbol{r}_j|) \tag{4.28}$$

ここで第1項は電子の運動エネルギー，第2項は原子核と電子との相互作用，第3項は電子間相互作用であり，$\boldsymbol{r}_i$ ならびに $\boldsymbol{R}_i$ はそれぞれ電子と原子核の座標を表す．場の量子化による記述を行うため，イオンに局在したWannier関数 $w_j(\boldsymbol{r}) \equiv w(\boldsymbol{r} - \boldsymbol{R}_j)$ を用いて場の演算子を

$$\psi_\sigma(\mathbf{r}) = \sum_j \sum_s w_j(\mathbf{r}) \chi_s(\sigma) c_{js} \tag{4.29}$$

のように展開する．$\chi_s(\sigma)$ はスピン1/2に対するスピン波動関数であり，Wannier軌道の縮退はないものとした．Wannier関数とはBloch関数 $\psi_{\mathbf{k}}(\mathbf{r})$ からそのFourier変換として $w_j(\mathbf{r}) = N^{-1/2} \sum_{\mathbf{k}} e^{-i\mathbf{k}\cdot(\mathbf{r}-\mathbf{R}_i)} \psi_{\mathbf{k}}(\mathbf{r})$ で定義される関数で

あり，異なるサイトにおける Wannier 関数は直交する．これを用いて式 (4.28) の第 1 項と第 2 項に対して最近接サイトの Wannier 関数の重なりのみを考慮すると，それらは

$$\mathcal{H}_0 = (\varepsilon_0 + \delta\varepsilon)\sum_{is} c_{is}^\dagger c_{is} + \sum_{\langle ij\rangle s}\left(t_{ij}c_{is}^\dagger c_{js} + h.c.\right) \tag{4.30}$$

となる．ここで $\sum_{\langle ij\rangle}$ は最近接のサイトに関する和を意味し，また Wannier 関数が原子軌道の波動関数に十分近いとすると

$$\varepsilon_0 = \int d\boldsymbol{r} w_i^*(\boldsymbol{r})\left[-\frac{\hbar^2}{2m}\nabla^2 + V(\boldsymbol{r}-\boldsymbol{R}_i)\right]w_i(\boldsymbol{r}) \tag{4.31}$$

$$\delta\varepsilon = \int d\boldsymbol{r} w_i^*(\boldsymbol{r})\sum_{k(\neq i)} V(\boldsymbol{r}-\boldsymbol{R}_k)w_i(\boldsymbol{r}) \tag{4.32}$$

$$t = \int d\boldsymbol{r} w_i^*(\boldsymbol{r})\left[\sum_k V(\boldsymbol{r}-\boldsymbol{R}_k) - V(\boldsymbol{r}-\boldsymbol{R}_j)\right]w_j(\boldsymbol{r}) \tag{4.33}$$

が得られる．ε_0 は近似的な原子軌道のエネルギー準位，$\delta\varepsilon$ は結晶を形成することによるその補正である．t は隣接サイト間の電子遷移積分を表す．式 (4.33) には結晶格子内のポテンシャルと原子内のポテンシャルの差が現れておりカッコ内の符号は通常は負である．電子間相互作用に関しては同じサイトを占める相互作用のみを考慮すると，これは式 (4.42) の第 1 項と同様に

$$\mathcal{H}_U = U\sum_i n_{i\uparrow}n_{i\downarrow} \tag{4.34}$$

が得られる．ここで $n_{is} = c_{is}^\dagger c_{is}$ であり

$$U = \int d\mathbf{r}_1 d\mathbf{r}_2 w_i^*(\boldsymbol{r}_1)w_i^*(\boldsymbol{r}_2)U(|\boldsymbol{r}_1-\boldsymbol{r}_2|)w_i(\boldsymbol{r}_2)w_i(\boldsymbol{r}_1) \tag{4.35}$$

となる．式 (4.30) と式 (4.34) を合わせたものは Hubbard 模型とよばれ，以下にハミルトニアンをまとめて記す．

$$\mathcal{H} = t\sum_{\langle ij\rangle s}\left(c_{is}^\dagger c_{js} + h.c.\right) + U\sum_i n_{i\uparrow}n_{i\downarrow} \tag{4.36}$$

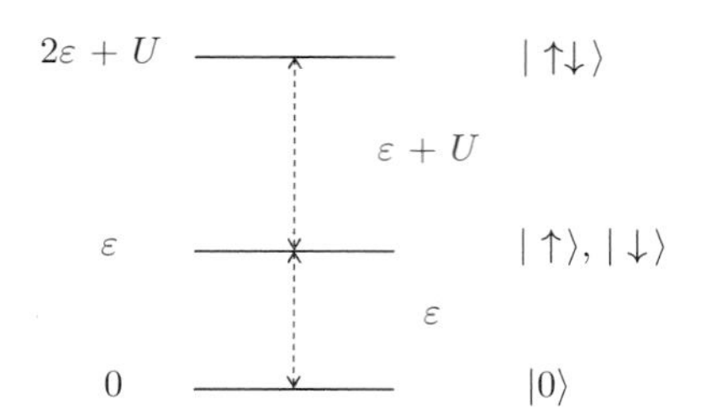

図 4.2 Hubbard 模型の $t = 0$ におけるエネルギー準位.

Hubbard 模型は一見単純な理論模型にみえるが，固体中の電子の本質的な性質を含んでいる．$\mathcal{H}_0$ が電子の波動性を，$\mathcal{H}_U$ が電子の粒子性を表していると解釈でき，両者の拮抗を記述できるミニマムな理論模型である．このため金属絶縁体転移，磁性，超伝導をはじめとして様々な現象の解析に用いられている．1 次元の模型に対しては Bethe 仮説法による厳密解が存在するが，2 次元以上の模型に対しては様々な近似方法による解析がこれまでになされている．$\mathcal{H}_0$ は波数表示により対角化することができ，自由な電子のバンドを与える．ここでは $t = 0$ として $\mathcal{H}_U$ の役割について考察する．この場合は各サイトで独立に電子状態を考えることができ，それらは電子数 n に応じて固有状態と固有エネルギーが次のように与えられる．

i) $n = 0$ の場合: $|0\rangle$, $E_0 = 0$.
ii) $n = 1$ の場合：$\{|\uparrow\rangle, |\downarrow\rangle\}$, $E_1 = \varepsilon\ (\equiv \varepsilon_0 + \delta\varepsilon)$.
iii) $n = 2$ の場合：$|\uparrow\downarrow\rangle$, $E_2 = 2\varepsilon + U$.

図 4.2 に示したようにエネルギーが電子数に依存するために軌道エネルギーという概念はもはや意味をなさず，系全体のエネルギーの差が意味をなす．

上記の考察をもとに $t = 0$ の場合で結晶中の N 個の独立なサイトからなる系を考察する．電子数がサイト数と同数の N であるハーフ・フィリングの場合は各サイトに 1 個の電子が占有する状態が安定で，そのエネルギーは $E_N = N\varepsilon$ であり，この状態はスピンの自由度 2^N の縮重がある．電子数が $N+1$ の場合，N 個のサイトのなかの任意のサイトで 2 重占有が生じており，エネルギーは $E_{N+1} = (N-1)\varepsilon + 2\varepsilon + U$ である．電子数が $N-1$ の場合も同様にエネ

ルギーは $E_{N-1} = (N-1)\varepsilon$ となる．多体電子系においては一電子の軌道エネルギーやバンド・エネルギーは意味をなさないため，金属と絶縁体を判別するためには系から電子を 1 個取り出し，これを無限遠方に付け加えるのに必要なエネルギーを評価する必要がある．これがゼロであれば無限小のエネルギーで電子を移動することができる．電子数 N の場合にこのエネルギーは $E_G = (E_{N+1} - E_N) + (E_{N-1} - E_N) = U$ となり，電子間相互作用の大きさのエネルギーが必要であることがわかる．以上の議論は異なるサイト間の電子遷移を無視した場合であり，これを考慮するとバンド幅が広がり電子の運動が可能となるために絶縁体が実現する条件が弱まる．しかし，$U \gg |t|$ である限り上記の議論は成立すると考えられる．このような電子間相互作用が本質的な役割を果たす絶縁体は Mott 絶縁体とよばれる．Mott 絶縁体は温度や圧力の変化やキャリアーの導入などにより金属に転移することが知られており，これは Mott 転移とよばれる．

現実の物質においては金属イオンを取り囲む陰イオンの影響を無視することができない．最低エネルギーの電子励起が金属イオン間で生じるか，もしくは金属イオンと陰イオンの間で生じるかにより Mott-Hubbard 型絶縁体と電荷移動型絶縁体に分類でき，$LaTiO_3$ は前者に La_2CuO_4 は後者に属することが知られている [49,50]．Mott 絶縁体近傍の電子状態においては高温超伝導，スピン液体，巨大磁気抵抗効果，電子相分離，マルチフェロイクスなど多彩で新規な物性が出現することが知られており，現在の物性研究の一大分野である．これは電子が最外殻軌道を部分的に占有することに起因してスピンや軌道などの電子の自由度が顕わになるためである．

この節の最後に Hubbard 模型をもとに，ハーフ・フィリングにおける低エネルギーの有効模型である Heisenberg 模型を導く．まず具体的な表式に先立ち，これを導出するためのハミルトニアンのカノニカル変換について紹介しよう．ここで有効模型とは，元の模型において定義される Hilbert 空間に対して，限定された Hilbert 空間において行列要素が一致する模型を意味する．一般的にハミルトニアンが非摂動項と摂動項により

$$\mathcal{H} = \mathcal{H}_0 + \mathcal{H}' \tag{4.37}$$

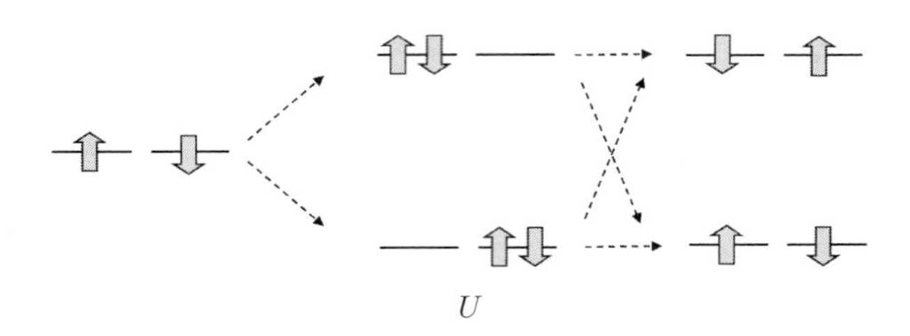

図 **4.3**　Hubbard 模型の交換相互作用における摂動過程.

のように分けられるとする．例えば Hubbard 模型では $\mathcal{H}_0$ と $\mathcal{H}'$ をそれぞれ式 (4.36) の第 1 項と第 2 項に相当する．このハミルトニアンを演算子 S を用いて $\mathcal{H} \to e^{-S}\mathcal{H}e^{S}$ のように変換することをカノニカル変換とよぶ．ここでの目的は摂動項 $\mathcal{H}'$ の 1 次の項を消去し 2 次までの有効模型を導くことである．指数関数を S に関して展開すると，この式は

$$\begin{aligned}&\left(1 - S + \frac{S^2}{2} + \cdots\right)\mathcal{H}\left(1 + S + \frac{S^2}{2} + \cdots\right)\\&= \mathcal{H}_0 + \mathcal{H}' + [\mathcal{H}_0, S] + [\mathcal{H}', S] + \frac{1}{2}[[\mathcal{H}_0, S], S] + \cdots\end{aligned} \tag{4.38}$$

となる．上式から，S を $\mathcal{H}'$ の 1 次のオーダーの演算子として $\mathcal{H}' + [\mathcal{H}_0, S] = 0$ を満たすようにとればよいことがわかる．残りの項を 2 次まで計算すると有効模型は

$$\mathcal{H}_{\text{eff}} = \mathcal{H}_0 + \frac{1}{2}[\mathcal{H}', S] \tag{4.39}$$

となるが，S に関する上式の条件を用いることで最終的には

$$\mathcal{H}_{\text{eff}} = \mathcal{H}_0 - \sum_{l(\neq 0)} \frac{\mathcal{H}'|l\rangle\langle l|\mathcal{H}'}{E_l - E_0} \tag{4.40}$$

の簡潔な形にまとめることができる．ここで E_0 は基底状態のエネルギー，$|l\rangle$ と E_l はそれぞれ $\mathcal{H}_0$ の固有状態（励起状態）とそのエネルギーである．

Hubbard 模型のハーフ・フィリング状態において上式を具体的に計算するには，図 4.3 に示した 2 次摂動プロセスを考慮すればよい．その最終的な表式は式 (4.1) で導入した大きさ 1/2 のスピン演算子を用いて表すことができ

$$\mathcal{H} = -\frac{4t^2}{U}\sum_{\langle ij \rangle}\left(\frac{1}{4} - \mathbf{S}_i \cdot \mathbf{S}_j\right) \tag{4.41}$$

の Heisenberg 模型となる．大きさが $J = 4t^2/U$ の反強磁性交換相互作用となるが，これは隣接サイトのスピンが反平行の場合に図 4.3 のプロセスによりエネルギーを下げることができることを意味している．スピン間相互作用により $t = 0$ における 2^N 個のスピン状態の縮退が解ける．次節では軌道縮退のある Hubbard 模型から，同様の手続きにより有効模型を導く．また上式の摂動をさらに進めると原理的に高次の有効模型を求めることができ，これはいわゆるリング交換相互作用などの導出に用いられる．この場合は，物理量の平均値を正確に計算する際に補正が必要であることが知られている [51].

4.4 e_g 軌道自由度間の相互作用と有効模型

本節では立方格子上の各サイトに e_g 軌道を配置した系において，運動交換に基づく軌道間相互作用を導出する．前節で導入した Hubbard 模型を軌道縮退のある場合に拡張した 2 軌道 Hubbard 模型から出発する．各サイトに縮退した 2 つの軌道 $\gamma = (a : d_{3z^2-r^2}, b : d_{x^2-y^2})$ を配置し，その間の相互作用と電子遷移を考慮する．ハミルトニアンは

$$\begin{aligned}\mathcal{H} = &-\sum_{\langle ij \rangle}\sum_{\gamma\gamma'\sigma} t_{ij}^{\gamma\gamma'}(c_{i\gamma\sigma}^{\dagger}c_{j\gamma'\sigma} + h.c.)\\ &+ U\sum_{i\gamma} n_{i\gamma\uparrow}n_{i\gamma\downarrow} + U'\sum_{i\gamma>\gamma'} n_{i\gamma}n_{i\gamma'}\\ &+ J\sum_{i\sigma\sigma'\gamma>\gamma'} c_{i\gamma\sigma}^{\dagger}c_{i\gamma'\sigma'}^{\dagger}c_{i\gamma\sigma'}c_{i\gamma'\sigma} + I\sum_{i\gamma\neq\gamma'} c_{i\gamma\uparrow}^{\dagger}c_{i\gamma\downarrow}^{\dagger}c_{i\gamma'\downarrow}c_{i\gamma'\uparrow},\end{aligned} \tag{4.42}$$

で与えられる．ここで $c_{i\gamma\sigma}^{\dagger}$ $(c_{i\gamma\sigma})$ はサイト i，軌道 γ，スピン σ $(=\uparrow,\downarrow)$ の電子の生成（消滅）演算子であり，$n_{i\gamma} = \sum_{\sigma} n_{i\gamma\sigma} = \sum_{\sigma} c_{i\gamma\sigma}^{\dagger}c_{i\gamma\sigma}$ は電子数演算子である．式 (4.42) の第 1 項は最近接サイト間遷移であり，$t_{ij}^{\gamma\gamma'}$ はサイト i の軌道 γ とサイト j の軌道 γ' 間の電子遷移積分である．第 2 項から第 5 項までが電子間相互作用であり，相互作用の詳細は 2.2 節で紹介した．隣接する軌道間の電子

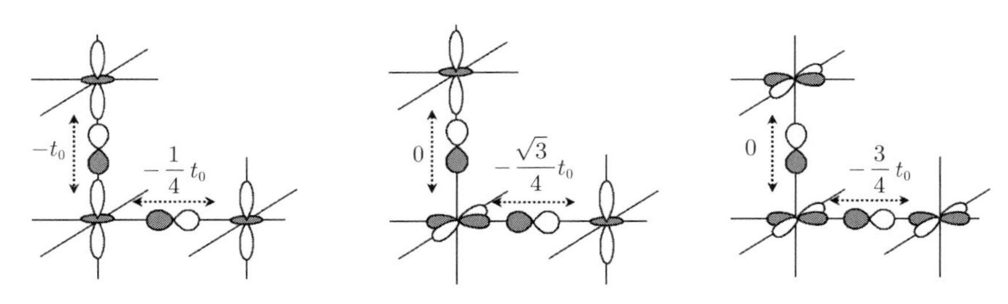

図 4.4　隣接する d 軌道間の電子遷移強度.

遷移積分に関しては，2 つの遷移金属イオンの中間に陰イオンが存在するとし，その p 軌道を介した有効的な電子遷移を考える．これは 2.3 節で導入した d 軌道と p 軌道間の遷移積分の 2 次摂動により与えられる．立方格子の $l\ (= x, y, z)$ 方向のボンドにおいて d_α 軌道が関与する遷移積分を式 (2.29) で導入した $(t_l^\sigma)_\alpha$ で表すと，この方向の d_α 軌道と d_β 軌道間の遷移積分は $t_{ij}^{\alpha\beta} = (t_l^\sigma)_\alpha (t_l^\sigma)_\beta / \Delta$ で与えられる．ここで Δ は 1 個の陰イオンの電子が遷移金属イオンに移動した場合の中間状態のエネルギーであり，その値は中間状態の詳細によらないものとした．具体的には $t_0 = t_{pd\sigma}^2/\Delta$ として，その軌道依存性は

$$t_x = t_0 \begin{pmatrix} -\frac{1}{4} & \frac{\sqrt{3}}{4} \\ \frac{\sqrt{3}}{4} & -\frac{3}{4} \end{pmatrix}, \quad t_y = t_0 \begin{pmatrix} -\frac{1}{4} & -\frac{\sqrt{3}}{4} \\ -\frac{\sqrt{3}}{4} & -\frac{3}{4} \end{pmatrix}, \quad t_z = t_0 \begin{pmatrix} -1 & 0 \\ 0 & 0 \end{pmatrix} \tag{4.43}$$

となり，この模式図を図 4.4 に示した．軌道の種類，ボンドの方向に遷移積分が大きく依存することが示される．

式 (4.40) で導出した有効模型の一般式を式 (4.42) の 2 軌道 Hubbard 模型に適用する．サイト当たりの平均電子数を 1 個とし，局所的な相互作用のエネルギーが電子遷移積分より十分大きい場合を考える．前者が大きい極限ではすべてのサイトの電子数は 1 個であり，これからの揺らぎを取り入れて有効模型を導出する．サイト i の電子数が n の状態を d_i^n と表記すると，$d_i^1 d_{i+1}^1 \to d_i^2 d_{i+1}^0 \to d_i^1 d_{i+1}^1$ などが有効ハミルトニアンの摂動過程となる．式 (4.42) から明らかなように有効模型は摂動の中間状態 d^2 のエネルギーで分類することができ，これは図 2.2 に与えられている．

有効模型の表式 (4.40) においてすべての摂動過程を考察し，これを式 (4.1)

のスピン演算子と式 (4.2) の軌道擬スピン演算子で表現すると

$$\begin{aligned}\mathcal{H} = &-2J_1 \sum_{\langle ij \rangle} \left(\frac{3}{4} + \mathbf{S}_i \cdot \mathbf{S}_j\right)\left(\frac{1}{4} - \tau_i^l \tau_j^l\right) \\ &-2J_2 \sum_{\langle ij \rangle} \left(\frac{1}{4} - \mathbf{S}_i \cdot \mathbf{S}_j\right)\left[\left(\frac{1}{4} - \tau_i^l \tau_j^l\right) + \left(\frac{1}{2} + \tau_i^l\right)\left(\frac{1}{2} + \tau_j^l\right)\right] \\ &-2J_3 \sum_{\langle ij \rangle} \left(\frac{1}{4} - \mathbf{S}_i \cdot \mathbf{S}_j\right)\left(\frac{1}{2} + \tau_i^l\right)\left(\frac{1}{2} + \tau_j^l\right) \end{aligned} \tag{4.44}$$

とまとめられる．ここで τ_i^l は軌道擬スピン演算子を用いて

$$\tau_i^l = \cos\left(\frac{2n_l\pi}{3}\right) T_i^z + \sin\left(\frac{2n_l\pi}{3}\right) T_i^x \tag{4.45}$$

で表され，最近接の i サイトと j サイトをつなぐボンドの方向を $l\ (= x, y, z)$ として $(n_x, n_y, n_z) = (1, 2, 3)$ により定義した．具体的に表すと

$$\tau_i^l = \begin{cases} -\frac{1}{2}T_i^z + \frac{\sqrt{3}}{2}T_i^x, & l = x \\ -\frac{1}{2}T_i^z - \frac{\sqrt{3}}{2}T_i^x, & l = y \\ T_i^z, & l = z \end{cases} \tag{4.46}$$

である．交換相互作用の強度は 2 軌道 Hubbard 模型のパラメータを用いて

$$J_1 = \frac{t_0^2}{U' - J}, \quad J_2 = \frac{t_0^2}{U - J}, \quad J_3 = \frac{t_0^2}{U + J'} \tag{4.47}$$

で与えられる．

上式において軌道自由度を顕わに量子力学的変数として扱わない場合は，スピン間交換相互作用の軌道縮退や軌道依存性の効果を与える．このような研究は van Vleck [52] や Goodenough [53]，Kanamori [54] の理論，あるいは Hubbard [55] の理論にさかのぼることができる．軌道縮退のある場合の交換相互作用をいわゆる Anderson の超交換相互作用の理論 [56] に基づいて初めて導出したのは Roth [57] であり，式 (4.44) の形に擬スピン演算子を用いて理論模型を導出したのは Kugel と Khomskii である [58,59]．この研究を契機に同様のスピン軌道模型の研究が大きく進展したため [60–64]，式 (4.44) の型の模型は一般に Kugel-Khomskii 模型とよばれる．

ここで導出した式 (4.44) のハミルトニアンの特徴をまとめる.

- ハミルトニアンは3項の和からなるが, これは摂動の中間状態の違いによるものである. 交換相互作用の強度には $J_1 > J_2 > J_3$ の関係があるが, これは中間状態のエネルギーの大小に起因している. 特に J_1 が最大なのは d^2 状態の基底状態が Hund 結合に起因して $S = 1$ の3重項状態であることに由来している.
- それぞれの項はスピン自由度に関する部分と軌道自由度に関する部分の積で表されており, 両者が強く結合していることが示される.
- ハミルトニアンのスピン部分においてスピン演算子は $\mathbf{S}_i \cdot \mathbf{S}_j$ の内積で表現されており, スピン空間の SU(2) 対称性を有している. スピン部分は隣接するサイトのスピンに対して, スピン1重項と3重項の射影演算子で表されている.
- ハミルトニアンの軌道部分はすべて τ_i^l で表現されている. これはその定義式 (4.46) により, 擬スピンベクトルの $(\theta, \phi) = (\frac{2n_l\pi}{3}, 0)$ 軸への射影, つまり $d_{3l^2-r^2}$ 軌道の成分に対応している. 相互作用においては $T_i^x T_j^x, T_i^z T_j^z, T_i^x T_j^z$ などの演算子の2次形式に加え, T_i^x, T_i^z などの1次項を含む. このため連続対称性はもちろん Z_2 対称性も有していない. 言い換えれば, 全擬スピンの大きさの2乗 $T^2 = (N^{-1}\sum_i \mathbf{T}_i)^2$ や全擬スピンの z 成分 $T^z = N^{-1}\sum_i T_i^z$ は保存量ではない. これは, 異なる軌道間の電子遷移積分が存在するために摂動過程で1サイトの軌道状態のみが変化することが可能であることに起因している. その交換相互作用における過程の一例を図 4.5(c) に示す.
- 軌道部分は T^x と T^z 成分を用いて表現されており T^y は表れない. つまり, この模型に磁気八極子間の相互作用は含まれていない.
- 擬スピン演算子を $T^x - T^z$ 平面で $2\pi n/3$ 回転するとともに実空間座標に関して $x - y - z$ 軸を循環的に入れ替える操作は, ハミルトニアンを不変にする.

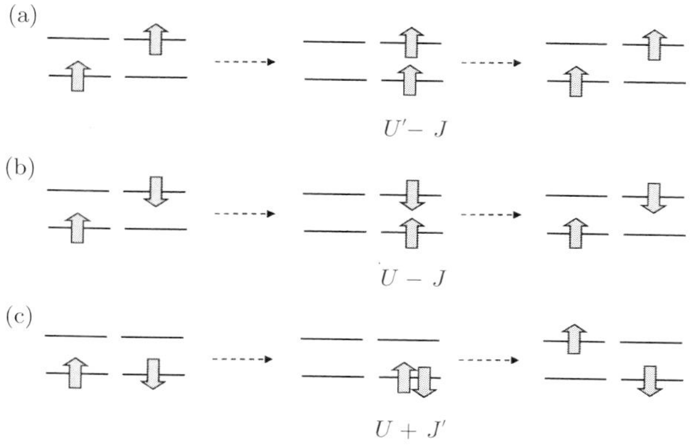

図 **4.5**　2 重縮退軌道系の交換相互作用における摂動過程の例.

4.5　2 軌道縮退系における様々な模型

前節で導出したスピン軌道模型は Heisenberg 模型や Ising 模型などのスピン模型には見られない特徴を有しているが，具体的な表式はかなり複雑である．見通しよくするために現実との対応は少々犠牲にして簡単化を施したいくつかの模型が提唱されている．本節ではこれらについて紹介する．

4.5.1　SU(2)×SU(2) 模型と SU(4) 模型

式 (4.43) に示したサイト間の遷移積分に関して同じ軌道間の遷移積分のみを残し，その強度を同じ値とする ($t^{\gamma\gamma'} \to t_0\delta_{\gamma\gamma'}$)．さらに交換相互作用に関して $J_2 = J_3$ を仮定する．これは d^2 配置のエネルギー準位 (図 2.2) において，2 つの $S=0$ 準位のエネルギーを一致させたことに相当する．これにより式 (4.44) は次式の簡単化された表式となる．

$$\mathcal{H} = -2J_1 \sum_{\langle ij \rangle} \left(\frac{3}{4} + \mathbf{S}_i \cdot \mathbf{S}_j \right) \left(\frac{1}{4} - \mathbf{T}_i \cdot \mathbf{T}_j \right) - 2J_2 \sum_{\langle ij \rangle} \left(\frac{1}{4} - \mathbf{S}_i \cdot \mathbf{S}_j \right) \left(\frac{3}{4} + \mathbf{T}_i \cdot \mathbf{T}_j \right) \tag{4.48}$$

軌道部分が $\mathbf{T}_i \cdot \mathbf{T}_j$ の内積で書かれており，軌道擬スピン演算子に関しても SU(2)

対称性を有していることがわかる．一般に a, b, c を定数として

$$\mathcal{H} = \sum_{\langle ij \rangle} \left[a\mathbf{S}_i \cdot \mathbf{S}_j + b\mathbf{T}_i \cdot \mathbf{T}_j + c\left(\mathbf{S}_i \cdot \mathbf{S}_j\right)\left(\mathbf{T}_i \cdot \mathbf{T}_j\right)\right] \tag{4.49}$$

の形の模型は SU(2) × SU(2) 模型とよばれる．式 (4.48) では第 1 項と第 2 項でスピン部分と軌道部分が入れ替わっていることがわかる．$\left(\frac{3}{4} + \mathbf{S}_i \cdot \mathbf{S}_j\right)$ ならびに $\left(\frac{1}{4} - \mathbf{S}_i \cdot \mathbf{S}_j\right)$ がそれぞれスピン 3 重項と 1 重項の射影演算子であることを考慮すると，第 1 項はスピン 3 重項，擬スピン 1 重項を安定化させ，第 2 項はスピン 1 重項，擬スピン 3 重項を安定化させることがわかる．$J_1 > J_2$ であるから第 1 項が支配的であり，強的なスピン配列と反強的 (互い違い) な擬スピン配列 (軌道配列) が期待される．この起源は中間状態のエネルギーの大小に起因しており，2.2 節で導入した異なる軌道間の強磁性相互作用である Hund 結合が起源となっている．この模型は比較的構造が簡単であることから，基底状態の相図や集団励起等について解析がなされている [60, 61]．

式 (4.48) で導入した SU(2)×SU(2) 模型において，さらに $J_1 = J_2$ とする．これは図 2.2 に示した d^2 状態のすべてのエネルギー準位が縮退していることを仮定しており，2 軌道 Hubbard 模型において $U = U'$ ならびに $J = I = 0$ としたことに相当する．これにより以下のハミルトニアン

$$\mathcal{H} = 2J_1 \sum_{\langle ij \rangle} \left(\frac{1}{4} + \mathbf{S}_i \cdot \mathbf{S}_j\right)\left(\frac{1}{4} + \mathbf{T}_i \cdot \mathbf{T}_j\right) \tag{4.50}$$

が得られる．これはスピン部分と軌道部分が完全に等価であり，両者を統一的に表現すると

$$\mathcal{H} = \frac{1}{2} J \sum_{\langle ij \rangle} \left(\sum_{l=1}^{15} X_i^l X_j^l + \frac{1}{4} \right) \tag{4.51}$$

となる．ここで X_i^l は SU(4) 群の 15 個の生成子 $X_i^l = \{2S_i^\alpha, 2T_i^\beta, 4S_i^\alpha T_i^\beta\}$ (ここで $\alpha, \beta = (x, y, z)$) であり，これは SU(4) スピン軌道模型とよばれる [65]．これは以下の SU(n) 模型

$$\mathcal{H} = J \sum_{\langle ij \rangle} \sum_{\alpha=1}^{n} \sum_{\beta=1}^{n} X_i^{\alpha\beta} X_j^{\beta\alpha} \tag{4.52}$$

において $n=4$ の場合とみなせ，$X_i^{\alpha\beta}$ は SU(n) 群における生成子である．この模型は n を増大させると量子効果により通常の長距離秩序状態が不安定となることが示されており，n が大きい場合に出現する状態と，長距離秩序が不安定となる n の閾値について多くの研究がなされている [65–68]．また SU(4) 模型は α-$ZrCl_3$ における低エネルギの有効模型として提案されている [69]．

この模型のスピン・軌道状態を考察するために，スピン演算子と擬スピン演算子の z 成分のみを考えた古典的な模型を考えよう．ハミルトニアンは

$$\mathcal{H}=2J\sum_{\langle ij\rangle}\left(S_i^zS_j^z+T_i^zT_j^z+4S_i^zT_i^zS_j^zT_j^z+\frac{1}{16}\right) \tag{4.53}$$

となる．J の符号は正なので，第 1 項と第 2 項から隣接する 2 個のスピン演算子ならびに軌道擬スピン演算子は互いに反平行であることが期待される ($S_i^zS_j^z<0$ ならびに $T_j^zT_j^z<0$)．このときスピンと擬スピンの積 ($S_i^zT_i^z$) と ($S_j^zT_j^z$) は隣り合うサイトで平行となるが，これは第 3 項の交換相互作用が正であることと相容れない．すべての相互作用を同時に最小とする古典的なスピン・擬スピンの配置は自明ではなく，後述する一種のフラストレーションが系に内在していることを意味している．1 次元 SU(4) 模型に関しては詳細な解析がなされており [70,71]，基底状態については Bethe 仮説により厳密解が得られている．基底状態は SU(4) 対称性における 1 重項状態であり，スピンならびに軌道擬スピンの相関関数が格子定数の 4 倍周期構造をとることが明らかになっており，これはフラストレーションが解けることで量子基底状態が形成されたものと考えられる．

4.5.2　e_g 軌道模型

式 (4.44) のスピン部分は Heisenberg 模型と同様にスカラー積で表現されているため，特徴的な軌道部分だけに着目しよう．$\mathbf{S}_i\cdot\mathbf{S}_j\to 0$ とおき，恒等式 $\sum_{\langle ij\rangle}\tau_i^l=0$ を用いることで，軌道擬スピンのみで記述される次の模型

$$\begin{aligned}\mathcal{H}&=2J\sum_{\langle ij\rangle}\tau_i^l\tau_j^l\\&=2J\sum_i\left(\tau_i^x\tau_{i+\delta_x}^x+\tau_i^y\tau_{i+\delta_x}^y+\tau_i^z\tau_{i+\delta_x}^z\right)\end{aligned} \tag{4.54}$$

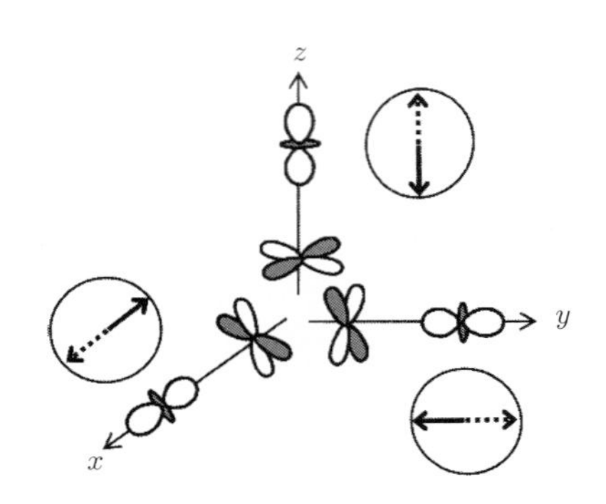

図 **4.6**　e_g 軌道模型における軌道フラストレーション効果．丸のなかの矢印は擬スピンの xz 平面における向き．

が得られる．これは e_g 軌道模型とよばれる．ここで $i+\delta_x$ などは i サイトの x 軸方向の隣接サイトを意味する．任意の l 方向の最近接ボンドに着目すると，最近接サイトの軌道擬スピンが $\tau_i^l = +1/2\ (-1/2)$ と $\tau_j^l = -1/2\ (+1/2)$ をとるときにボンドエネルギーが最小となり，これは $d_{3l^2-r^2}$ 軌道と $d_{m^2-n^2}$ 軌道の反強的な配列に相当する．ここで (l,m,n) は (x,y,z) ならびにその循環置換により得られる組である．3 次元立方格子における 3 種類のボンドにおいて，それぞれのボンドエネルギーを最小化する軌道配置は図 4.1 の $T^z - T^x$ 平面において互いに 120° をなすことから，120° 軌道模型ともよばれている [72–74]．立方格子において 3 方向のボンドが共存するため，安定な軌道秩序は自明ではない．例えば安定な軌道配列の一候補である $d_{3z^2-r^2}$ 軌道と $d_{x^2-y^2}$ 軌道の反強的軌道秩序を考えると，これは z 方向でボンド・エネルギーが最小となるが，これと直交する x 方向と y 方向のボンドでは最小とならない（図 4.6）．

このような現象は幾何学的フラストレーションのあるスピン系によく見られる．その典型例である 2 次元三角格子上の最近接サイト間に反強磁性交換相互作用が働く Ising 模型をおさらいしよう．1 つの三角形に着目し，任意のサイトにおけるスピンを上向き，別のサイトのスピンを下向きとしたとき，残りのサイトのスピンは上向きでも下向きでも 3 方向の相互作用を同時に最小にすることができない．このため，安定なスピンの配置を一意に決めることができず絶対零度においてもスピンの縮退が残る．このような現象は幾何学的格子に由来したスピンフラストレーションとよばれ，三角格子，カゴメ格子，パイロクロア格子上の反強磁性体でよく知られている．それらの結晶構造は非バイパータイト構造とよばれ，各サイトを 2 種類の副格子に分けることができない．上で紹介した非自明な軌道配列は立方格子上の e_g 軌道模型で生じるものであり，これは結晶の幾何学的性質に由来するものとは異なる種類のフラストレーション効果を内在している．これは軌道相互作用の対称性に起因するものであり，SU(4) 模型で紹介したスピン自由度と軌道自由度の間のフラストレーション効果とも異なる．この模型の安定な軌道状態については，5.4 節で詳しく説明する．

4.5.3　コンパス模型と Kitaev 模型

e_g 軌道模型の大きな特徴は軌道擬スピン間の相互作用が結晶格子のボンド方向に顕わに依存していることである．e_g 軌道模型では立方格子の直交する 3 方向（l 方向ボンド）に対して軌道擬スピン τ_i^l が相互作用に関与する．これと類似の模型として，正方格子上で定義される次式の模型

$$\mathcal{H} = J\sum_{\langle ij\rangle} T_i^l T_j^l = J\sum_i \left(T_i^x T_{i+\delta_x}^x + T_i^y T_{i+\delta_y}^y\right) \tag{4.55}$$

が知られており，これは軌道コンパス模型とよばれる [75,76]．ここで交換相互作用の符号を $J>0$ とするが，正方格子の 1 つの副格子上のすべての擬スピンを T^z 軸周りに角度 π の回転をすると $T^x \to -T^x, T^y \to -T^y$ となり，J の符号は本質的ではないことがわかる．正方格子の x 軸方向では擬スピンの x 成分 T^x が，y 軸方向では T^y が相互作用に関与している．したがって，T^x の反強的配列は x 軸方向のボンドに対してはそのエネルギーが最小となるが，y 軸方向のボンドについては最小とはならない．T^y の反強的配列も同様であり，e_g 模型と同様なフラストレーション効果が内在していることがわかる．正方格子上の軌道コンパス模型の性質については 5.5 節で詳しく説明する．

これと類似の模型として Kitaev 模型が知られている [77,78]．これは図 4.7 のように蜂の巣格子において次式

$$\mathcal{H} = J\sum_i \left(T_i^x T_{i+\delta_x}^x + T_i^y T_{i+\delta_y}^y + T_i^z T_{i+\delta_z}^z\right) \tag{4.56}$$

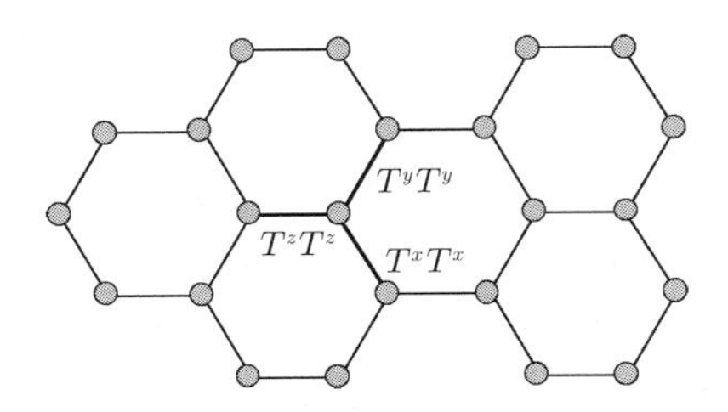

図 **4.7**　Kitaev 模型.

で定義される．ここで $\mathbf{T}_i$ は大きさ 1/2 の擬スピン演算子であり，δ_l は蜂の巣格子の互いに 120° をなす 3 方向に平行な最近接ボンドである．相互作用がボンド方向に顕わに依存しており，e_g 軌道模型やコンパス模型と同様な特徴を有している．

この模型と現実の物質との対応について以下のような提案がなされている [79, 80]．対象物質とされる Na_2IrO_3 や Li_2IrO_3 においては，IrO_6 八面体が辺共有 (edge-sharing) することにより蜂の巣格子状に連結した層状構造をつくる．Ir^{4+} の $5d$ 軌道の配置は $(t_{2g})^5$ であるが，2.4 節で述べたように t_{2g} 軌道の自由度は有効的に大きさ 1 の軌道角運動量の自由度と等価である．このためスピン軌道相互作用により有効的な全角運動量 $J_{\rm eff} = 3/2$ と 1/2 の準位に分かれる（図 2.7）．$J_{\rm eff} = 1/2$ 状態に 1 個の電子が占有するため，Coulomb 相互作用が大きい場合では，系は Mott 絶縁体となる．以下のように Kitaev 模型は $J_{\rm eff} = 1/2$ の電子状態を記述する低エネルギーの有効模型と考えられている．

式 (2.45) で与えられた $J_{\rm eff} = 1/2$ の状態において，この 2 重項を $|\uparrow\rangle$ 状態と $|\downarrow\rangle$ 状態に対応させることで擬スピン演算子 $\mathbf{T}$ を導入するのが便利である．蜂の巣格子の辺共有性により，最近接擬スピン間で交換相互作用を担う電子遷移は 90° のボンド角をもつ Ir-O-Ir ボンドを介して生じる．図 4.8 に示したように蜂の巣格子における 3 種類の最近接 Ir 間ボンドでは，交換相互作用に関与する Ir-O-Ir ボンドの種類に応じて関与する t_{2g} 軌道の種類が異なる．例として図 4.8 のサイト 1 とサイト 2 に位置する磁性イオンをつなぐボンド（z ボンド）における交換相互作用を考えよう．サイト 1 とサイト 2 を O イオンを介してつながる 2 種類の 90° ボンド $(1-a-2$ ならびに $1-b-2)$ において，サイト 1 の d_{yz} 軌道，サイト 2 の d_{zx} 軌道，O サイトの p_z 軌道が関与する．このような交

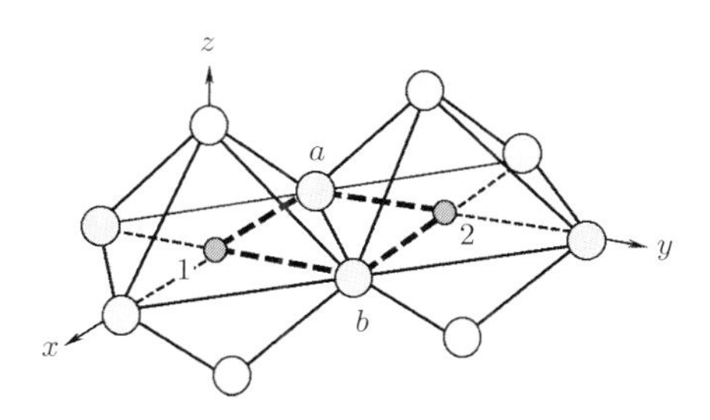

図 **4.8** xy 平面内の 2 個の遷移金属間の 90° ボンド.

換相互作用における特異な軌道選択性を考慮することで，図 4.7 に示した蜂の巣格子の 1 つのボンドにおける擬スピン間相互作用が $-JT_1^zT_2^z$ となることが示される．他のボンドにおいても同様の計算を行うことで，式 (4.56) の形の交換相互作用を導くことができる．現実の物質においてはこの相互作用に加えて Heisenberg 型相互作用も共存することが知られている．

Kitaev 模型の最も大きな特徴はこれが Majorana フェルミオンで表現できることである．Majorana フェルミオンとは実フェルミオン場を量子化することで導入される粒子であり，その生成・消滅は $c_i = c_i^\dagger$ ならびに $\{c_i, c_j\} = \delta_{ij}$ を満たす演算子で記述される．式 (4.56) における擬スピン演算子は 4 種類の Majorana フェルミオン演算子 $(c_i, b_i^x, b_i^y, b_i^z)$ を導入することで $2T_i^\alpha = ib_i^\alpha c_i$ と書くことができ，これを用いてハミルトニアンは

$$\mathcal{H} = \frac{iJ}{2}\sum_{\langle ij\rangle} A_{ij}c_ic_j \tag{4.57}$$

と表される．ここで $A_{ij} = ib_i^\alpha b_j^\alpha$ であり，α は蜂の巣格子のボンド方向により $\alpha\ (=x, y, z)$ をとる．重要なのは，A_{ij} がハミルトニアンと可換でありその固有値は ± 1 であること，したがって系の固有状態は各々のボンドに与えられる変数（Z_2 ゲージ場）で分類されることである．ハミルトニアンはこのゲージ場の下での自由フェルミオン系とみなせ，これは擬スピンに関してスピン液体状態に対応する．この模型のさらなる解析と現実の物質との対応に関する研究は現在盛んに行われている．

4.6　3軌道縮退系の模型

この節では，3個の軌道が縮退した系の交換相互作用と有効模型を紹介する．一例としてペロフスカイト型チタン酸化物 $R\mathrm{TiO_3}$（R は希土類金属イオン）を考えるが，バナジウム酸化物 $R\mathrm{VO_3}$ も同様に考察することができる．立方対称の結晶場における Ti^{3+} の電子配置は $(t_{2g})^1$ であり，スピン軌道相互作用を無視した場合は軌道縮退は3重である．これを記述するには大きさ 1/2 の擬スピン演算子の代わりに，SU(3) 群の生成子である8個の Gell-Mann 行列 λ_l ($l = 1\sim8$) を導入するのが便利である．これらの演算子の対称性は積表現 $T_{2g} \times T_{2g} \to A_{1g} + E_g + T_{1g} + T_{2g}$ により分類することができる．具体的に次のように与えられる．

$$O_{E_u} = \lambda_8 = \frac{1}{\sqrt{3}}\begin{pmatrix} 1 & & \\ & 1 & \\ & & 2 \end{pmatrix}, \quad O_{E_v} = \lambda_3 = \begin{pmatrix} -1 & & \\ & 1 & \\ & & 0 \end{pmatrix} \tag{4.58}$$

ならびに

$$O_{T_{1x}} = \lambda_7 = \begin{pmatrix} & & \\ & & -i \\ & i & \end{pmatrix}, \quad O_{T_{2x}} = \lambda_6 = \begin{pmatrix} & & \\ & & 1 \\ & 1 & \end{pmatrix} \tag{4.59}$$

残りの $O_{T_{2y}}, O_{T_{2z}}, O_{T_{1y}}, O_{T_{1z}}$ は，これらから循環置換により与えられる．e_g 軌道の場合に導入したボンド方向 $l\ (= x, y, z)$ に依存した擬スピン演算子 τ_i^l [式(5.4)] と同様に，ここでも O_{E_u} と O_{E_v} に対してボンド方向に依存した演算子

$$\begin{pmatrix} O_{E_u}^l \\ O_{E_v}^l \end{pmatrix} = \begin{pmatrix} \cos\frac{2\pi}{3}n_l & \sin\frac{2\pi}{3}n_l \\ -\sin\frac{2\pi}{3}n_l & \cos\frac{2\pi}{3}n_l \end{pmatrix}\begin{pmatrix} O_{E_u} \\ O_{E_v} \end{pmatrix} \tag{4.60}$$

を導入すると便利である．ここで $(n_x, n_y, n_z) = (1, 2, 3)$ である．

これらの演算子を用いて3重軌道縮退系の有効模型を考察する [81–84]．3重軌道縮退のある Hubbard 模型は，同一サイトにおける相互作用項 $\mathcal{H}_0$ とサイト

間の電子遷移項 $\mathcal{H}'$ からなる．2軌道 Hubbard 模型の場合と同様に，前者が後者に比べて十分大きい場合は2次摂動により有効模型を導出することができる．交換相互作用の過程は摂動の中間状態である $(t_{2g})^2$ 電子配置の固有状態で分類できるが，ここでは相互作用定数が最も大きい $^3T_1$ 中間状態を用いた項を下に記す．

$$\mathcal{H}_{T_1} = -J_{T_1} \sum_{\langle ij \rangle} \left(\frac{3}{4} + \mathbf{S}_i \cdot \mathbf{S}_j \right) \left(B^l - C_+^l + D^l \right) \tag{4.61}$$

ここで軌道部分は

$$B^l = \left(\frac{2}{3} - O_{iE_u}^l \right) \left(\frac{2}{3} - O_{jE_u}^l \right) - 2 O_{iE_v}^l O_{jE_v}^l \tag{4.62}$$

$$C_+^l = 2 \left(O_{iT_{2l}} O_{jT_{2l}} + O_{iT_{1l}} O_{jT_{1l}} \right), \tag{4.63}$$

$$D^l = \left(\frac{1}{3} + O_{iE_u}^l \right) \left(\frac{2}{3} - O_{jE_u}^l \right) + \left(\frac{2}{3} - O_{iE_u}^l \right) \left(\frac{1}{3} + O_{jE_u}^l \right) \tag{4.64}$$

で与えられる．

上記のハミルトニアンはかなり複雑な表式であるが，スピンが完全に偏極した状態（$\mathbf{S}_i \cdot \mathbf{S}_j = 1$）では，以下に述べる特徴的な対称性を有することがわかる [73, 84, 85]．立方格子における l 方向の最近接ボンドに着目したとき，電子遷移が有限となるのは d_{lm} 軌道同士ならびに d_{nl} 軌道同士であり，他の軌道間の電子遷移はゼロとなる（図 4.9）．ここで (l, m, n) は (x, y, z) ならびにその巡回置換で得られるものである．l 方向のボンドに対して d_{lm} 軌道と d_{nl} 軌道を活性 (active) 軌道，d_{mn} 軌道を不活性 (inactive) 軌道とよぶことにしよう．交換相互作用は同一の活性軌道間のみに働くため，2軌道模型の場合と同様に次式で定義される大きさ 1/2 の擬スピン演算子

$$\mathbf{T}^l = \frac{1}{2} \sum_{\gamma\gamma'} \sum_s d_{\gamma s}^\dagger \sigma_{\gamma\gamma'} d_{\gamma' s} \tag{4.65}$$

を用いるのが便利である．ここで γ ならびに γ' は l 方向のボンドに対する活性軌道である．これを用いるとハミルトニアンは

$$\mathcal{H} = J \sum_{\langle ij \rangle_l} \left[\mathbf{T}_i^l \cdot \mathbf{T}_j^l + \frac{1}{4} \left(n_i^{mn} n_j^{mn} - 1 \right) \right] \tag{4.66}$$

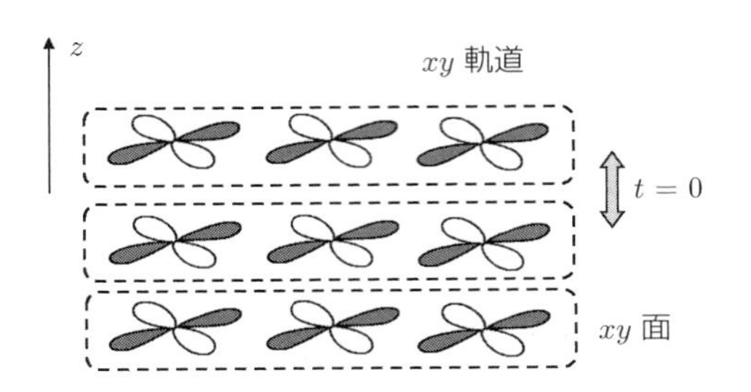

図 **4.9**　z 軸方向の不活性軌道としての d_{xy} 軌道.

となる．ここで n_i^{mn} は不活性軌道の電子数 $n_i^{mn} = \sum_s d_{imns}^\dagger d_{imns}$ であり，$\langle ij \rangle_l$ は l 方向における最近接サイトを意味する．式 (4.66) に示されるように，ある方向のボンドに着目したとき擬スピン演算子の相互作用が Heisenberg 型となることがわかる．これは活性軌道において電子遷移積分が対角型 $t_{ij}^{\gamma\gamma'} = t\delta_{\gamma\gamma'}$ であるためであり，軌道を占有する電子数が保存することに起因している．このような強磁性状態における特殊な対称性，保存量から期待される軌道液体状態，スピン・軌道液体状態などの特異な軌道状態について理論的な提唱がなされている．

4.7　2 重交換模型

軌道縮退系と深く関係する内容として，この節では 2 重交換相互作用とその模型について紹介する．以下では歴史的にこれを初めて考察した Jonker，van Santen ならびに Zener に従って，ペロフスカイト型マンガン酸化物 $R_{1-x}A_x\mathrm{MnO}_3$(R は希土類金属イオン，A はアルカリ土類金属イオン) を例として解説する [86]．この系の Mn イオンの形式電荷は $3+x$ であり，Mn^{3+} と Mn^{4+} が混在する混合原子価系である．立方対称の結晶場中における Mn^{3+} と Mn^{4+} の電子配置はそれぞれ $(t_{2g})^3(e_g)^1$ と $(t_{2g})^3(e_g)^0$ である．$x = 0$ において系は Mott 絶縁体（電荷移動型絶縁体）であり，$x \neq 0$ は Mott 絶縁体にホールをドープすることに相当する．2.3 節で説明したように e_g 軌道に比べて t_{2g} 軌道は電子遷移強度が小さいため，電子の遍歴性が弱い．ここでは簡単のために後者についてはスピン

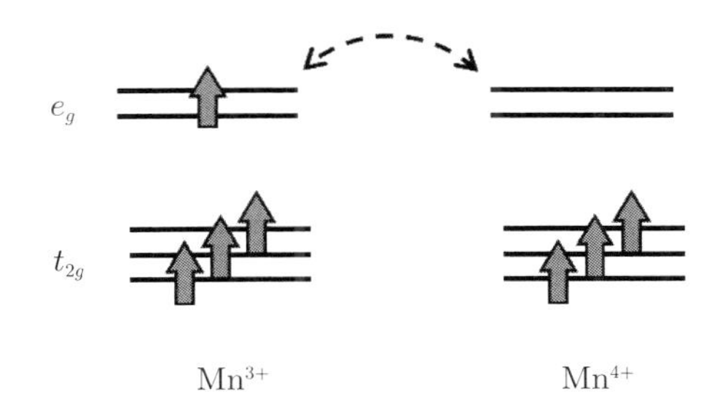

図 **4.10**　Mn^{3+} と Mn^{4+} 間の電子遷移.

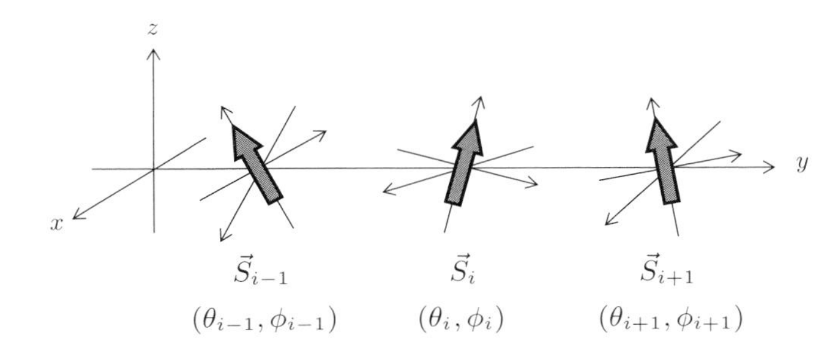

図 **4.11**　2 重交換模型における局所スピン座標.

自由度のみを考慮し，これを各サイトに局在したスピンとして取り扱う．また e_g 軌道の縮退についても無視する．この系を記述するハミルトニアンは

$$\mathcal{H} = -t \sum_{\langle ij \rangle s} \left(c_{is}^{\dagger} c_{js} + h.c. \right) - J_H \sum_i \mathbf{S}_i \cdot \mathbf{s}_i \tag{4.67}$$

で与えられる．ここで第 1 項は遍歴電子の電子遷移項，第 2 項は電子と局在スピン間の Hund 結合項で J_H (> 0) は強磁性相互作用である．$\mathbf{s}_i = (1/2) \sum_{ss'} c_{is}^{\dagger} \sigma_{ss'} c_{is'}$ は遍歴電子のスピン演算子であり，$\mathbf{S}_i$ はサイト i に局在したスピン演算子である．スピン演算子の大きさは Mn^{3+} においては $S = 3/2$ であるが，以下では大きさを S とする．この模型の模式図を図 4.10 に示す．

この模型おいて，Hund 結合が電子遷移強度より十分大きい場合 $(J_H >> |t|)$ にその性質を調べる．この条件のもとでは，なるべく Hund 結合によるエネルギーを損しないように，遍歴電子がサイトを遷移するごとに局在スピンと同じ向きとなることが期待される．これを表現するには図 4.11 のように各サイトで

スピンの量子化軸を局在スピンの向きにとるのが便利であり，数学的には電子の演算子に以下のユニタリー変換

$$\begin{pmatrix} f_{i\uparrow} \\ f_{i\downarrow} \end{pmatrix} = \begin{pmatrix} \cos\frac{\theta_i}{2} & -e^{i\phi_i}\sin\frac{\theta_i}{2} \\ e^{i\phi_i}\sin\frac{\theta_i}{2} & \cos\frac{\theta_i}{2} \end{pmatrix} \begin{pmatrix} c_{i\uparrow} \\ c_{i\downarrow} \end{pmatrix} \tag{4.68}$$

を施すことで実行できる．ここで (θ_i, ϕ_i) は $\mathbf{S}_i$ の天頂角と方位角である．これはユニタリー行列 U を用いた局所 SU(2) 変換 $f_{is} = \sum_{s'} U_{iss'} c_{is'}$ である．この変換を式 (4.67) のハミルトニアンに施すと

$$\mathcal{H} = -t \sum_{\langle ij \rangle} \sum_{ss's''} \left(f^\dagger_{is'} U_{s's} U^{-1}_{jss''} f_{js''} + h.c. \right) - J_H \sum_i \mathbf{S}_i \cdot \mathbf{s}^f_i \tag{4.69}$$

となる．ここで $\mathbf{s}^f_i = \frac{1}{2} \sum_{ss'\tilde{s}\tilde{s}'} f^\dagger_{i\tilde{s}} U_{i\tilde{s}s} \sigma_{ss'} U^{-1}_{s'\tilde{s}'} f_{i\tilde{s}'}$ である．いま $J_H >> |t|$ の場合，“上向き”スピンの電子は“下向き”スピンの電子より局所的なポテンシャルが J_H だけ低く，電子スピンは各サイトで局所的な量子化軸を向く傾向にある．したがって，低エネルギーの現象を考える際には各サイトの“上向き”スピンの電子のみを取り扱えば十分である．電子のスピンの自由度はもはや意味がなく，$f_{i\uparrow} \to f_i$ としてこれをスピン自由度のない仮想的なフェルミ粒子 (スピンレス・フェルミオン) の演算子として扱う．ハミルトニアンは

$$\mathcal{H} = -\sum_{\langle ij \rangle} \left(f^\dagger_i \widetilde{t}_{ij} f_j + h.c. \right) - J_H \frac{S}{2} \sum_i f^\dagger_i f_i \tag{4.70}$$

と表される．ここで $\widetilde{t}_{ij}$ は有効的な遷移積分であり

$$\widetilde{t}_{ij} = t \sum_s U_{i\uparrow s} U^{-1}_{js\uparrow} = t \left(\cos\frac{\theta_i}{2} \cos\frac{\theta_j}{2} + e^{i(-\phi_i + \phi_j)} \sin\frac{\theta_i}{2} \sin\frac{\theta_j}{2} \right) \tag{4.71}$$

で与えられる．隣接する 2 サイトの問題や 1 次元格子上の問題を考える場合は $\phi_i = \phi_j$ ととることができ，式 (4.71) は

$$\widetilde{t}_{ij} = t \cos\frac{1}{2} (\theta_i - \theta_j) \tag{4.72}$$

となり隣接サイトのスピンの相対角で表される．上式からスピン配列と電子の

運動に強い相関が生じることがわかり，2 つのスピンが平行の場合 ($\theta_i = \theta_j$) に $|\widetilde{t}|$ が最大となり，反平行の場合 ($\theta_i = \theta_j + \pi$) にゼロとなる．

この強磁性相互作用は 2 重交換相互作用，相互作用を記述する式 (4.67) もしくは式 (4.70) は 2 重交換模型とよばれる [87–89]．現実の磁性体では磁性イオン間の電子移動は，磁性イオン間に位置する陰イオンを介した磁性イオン–陰イオン間の電子遷移の 2 次過程により生じるため，本相互作用は Zener により “2 重” 交換相互作用とよばれた．2 重交換模型はマンガン酸化物のみならず遍歴磁性体や磁性半導体の記述にも幅広く用いられている．また $\mathbf{S}_i$ を広い空間領域における平均的なスピンと解釈することで，スピントロニクス研究においても広範囲に用いられている．

式 (4.72) の表式は通常の交換相互作用の角度依存性が $\cos(\theta_i - \theta_j)$ に比例することと大きく異なる．ここでは両者の競合を示すために次の模型

$$\mathcal{H} = -\sum_{\langle ij \rangle} \left(f_i^\dagger \widetilde{t}_{ij} f_j + h.c. \right) + J \sum_{\langle ij \rangle} \mathbf{S}_i \cdot \mathbf{S}_j \tag{4.73}$$

を考えよう．第 2 項は局在スピン間に働く反強磁性的な交換相互作用であり $J > 0$ とする．この模型の電子状態を厳密に取り扱うことは難しいが，以下のような簡単なエネルギーの評価から安定なスピン配列を探ることができる．遍歴電子数濃度 $x \equiv N^{-1} \sum_i \langle f_i^\dagger f_i \rangle$ がゼロの場合は絶縁体であり，$x << 1$ の低濃度領域の磁性を考える．局在スピンは古典的に取り扱い 2 つの副格子を仮定してスピン配列を考える．すべての電子はバンドの底を占有すると仮定すると，式 (4.73) の第 1 項は $-xz|t| \cos \frac{\theta}{2}$ となる．ここで z は最近接サイト数，θ は 2 つの副格子間のスピンの相対角である．第 2 項と合わせると式 (4.73) によるエネルギーは

$$E = -xz|t| \cos \frac{\theta}{2} + JzS^2 \frac{1}{2} \cos \theta \tag{4.74}$$

となる．これを角度について極値をとると，$x < 2JS^2/|t|$ の場合は $\cos(\theta/2) = x|t|/(2JS)$, $x > 2JS^2/|t|$ の場合は $\cos(\theta/2) = 1$ が得られる．これを図 4.12 に示した．$x = 0$ から x を増大させると，反強磁性相からスピンの傾いたスピンキャント相 ($0 < x < 2JS^2/t$) を経て，$x > 2JS^2/t$ の強磁性相へと移行する．2

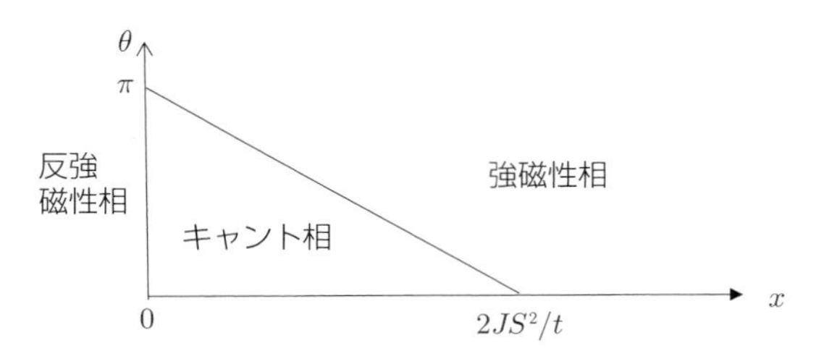

図 4.12　平均場近似による 2 重交換模型の相図.

重交換相互作用と（超）交換相互作用を比較した場合，エネルギー利得の θ 依存性が質的に異なることに起因している.

2 重交換相互作用における磁性と伝導との強い相関は，ペロフスカイト型マンガン酸化物における超巨大磁気抵抗効果 (Colossal Magneto Resistance: CMR) を定性的に説明するものとされている [90]. $R_{1-x}A_x\mathrm{MnO}_3$ では反強磁性秩序と電荷秩序を伴う絶縁相が広く実現している. これに磁場を印加すると系は絶縁体から金属となり，電気抵抗の変化が数桁にも及ぶ巨大な負の磁気抵抗効果が見出されている. これは，磁場の印加によりスピンが強磁性的に配列し，2 重交換相互作用により電子の運動が促進されたものと解釈できる.

上記の議論では 2 つの副格子を仮定してスピン配列を考えたため，スピン間の相対角のみがエネルギーに現れた. この制限を外した場合はスパイラル磁気構造などの非共線的 (noncolinear) スピン配列やコーン構造などの非共面的 (noncoplaner) スピン配列の可能性が期待される. 特に後者においては遍歴電子が複数のサイトを移動したときに獲得する波動関数の位相が Berry 位相に相当しており，これが局在スピンがなす立体角と直接関係して異常 Hall 効果の原因となることが知られている [91–94].

さらに本模型の電子数濃度依存性を詳細に調べることで電子相分離の出現が提案されている. 図 4.12 における $x=0$ の反強磁性状態と $x>JS^2/t$ で出現する強磁性状態においてバンド幅を比較すると，後者のそれが大きい. このために $x=0$ から電子数を増加させると，スピン構造の変化に伴ってバンド幅が増大し化学ポテンシャル μ が減少する可能性がある. このため電荷圧縮率 $\chi_c = x^{-1}(\partial x/\partial\mu)$ が負となり，均一なスピン配列や電子構造が熱力学的に不安定となる．この結果として，$x = 0$ の反強磁性絶縁相と $x \neq 0$ の強磁性金属相の間で相分離が出現し，図 4.12 のスピン・キャント相に代わることが提案されている [95,96].

2 重交換相互作用や 2 重交換模型は熱平衡状態のみならず非平衡状態においても広く研究がなされている [97–100]．マンガン酸化物の反強磁性電荷秩序絶縁相において数十フェムト秒のパルス幅のレーザ光を照射することで，電荷移動励起の吸収ピークが赤方偏移するとともに，磁気光学 Kerr 効果の回転角が増大することが見出されている．これは，系が過渡的に反強磁性絶縁体状態から強磁性金属状態に移行したと解釈できる．照射されたレーザ光により反強磁性絶縁体にキャリアーが導入されると，その運動エネルギーの利得のために強磁性金属が過渡的に実現したものと解釈でき，これは 2 重交換相互作用の非平衡状態への拡張である．最近，式 (4.70) の 2 重交換模型の強磁性金属状態に高強度の光を照射することで，反強磁性スピン配列が出現することが理論計算により見出されている [101]．これは強い非平衡状態における 2 重交換相互作用が反強磁性的であることを意味している．これまで知られている結果と合わせると，反強磁性絶縁相と強磁性金属相の間の双方向の変化が光により実現可能であることを意味しており，今後の研究の進展が期待される．

遍歴電子の軌道に縮退がある場合では式 (4.67) を拡張した

$$\mathcal{H} = -\sum_{\langle ij \rangle \sigma\gamma\gamma'} \left(t_{ij}^{\gamma\gamma'} c_{i\sigma\gamma}^{\dagger} c_{j\gamma'\sigma} + h.c. \right) - J_H \sum_{i\gamma} \mathbf{S}_i \cdot \mathbf{s}_i^{\gamma} \tag{4.75}$$

が電子状態や磁性の解析に用いられる．ここで $\mathbf{s}_i^{\gamma}$ は遍歴電子の γ 軌道におけるスピン演算子である．軌道の効果は遷移積分 $t_{ij}^{\gamma\gamma'}$ を通して遍歴電子の運動エネルギーに影響を与える．強磁性状態においては運動エネルギーの利得が最も大きくなるような軌道配列が実現し，これは遍歴電子を介した有効的な軌道間相互作用とみなせる．これについては 5.3 節で再び紹介する．

4.8 協力的 Jahn-Teller 効果

これまでは電子の遷移に起因する軌道間相互作用とその模型について詳しく

述べた．この節ではこれと異なるものとして，格子自由度を介した軌道間相互作用について紹介する [102, 103].

3.3 節で述べたように，電子軌道の縮退が存在する分子ではその変形が生じることで系のエネルギーが減少する．具体例として挙げた MA_6 分子においては縮退軌道と同じ対称性の分子変形が生じる．ペロフスカイト型結晶構造においては各 M イオンを中心とする A_6 クラスターは独立ではなく，隣接するクラスターと陰イオンを共有している．このため，あるクラスターの変形を伴う縮退軌道の分裂は，異なるサイトにおける軌道縮退の分裂を誘起する．結晶格子において A_6 クラスターの基準モードを考えることは意味がなく，格子全体の基準モードであるフォノンをもとに記述しなければならない．このような理論的取り扱いは Kanamori により初めてなされた [103].

以下ではペロフスカイト型結晶構造において M サイトに 2 重縮退した e_g 軌道が配列した場合を想定し，軌道間の相互作用を導出する．この系のハミルトニアンは

$$\mathcal{H} = \mathcal{H}_{\rm JT} + \mathcal{H}_{\rm ph} + \mathcal{H}_{\rm str} + \mathcal{H}_{\rm el-str} \tag{4.76}$$

で与えられる．第 1 項と第 2 項は磁性イオンにおける電子軌道とこれを中心とする A_6 クラスターとの相互作用，ならびに格子振動を表す項で，それぞれ

$$\mathcal{H}_{\rm JT} = -g \sum_i \sum_{l=(x,z)} T_i^l Q_i^l \tag{4.77}$$

ならびに

$$\mathcal{H}_{\rm ph} = \frac{1}{2} \sum_{im} \left(M \dot{u}_{im}^2 + K u_{im}^2 \right) \tag{4.78}$$

で与えられる．ここで Q_i^l は i 番目の磁性イオンを囲む A_6 クラスターにおける陰イオンの変位であり，式 (3.26) と式 (3.27) で与えられる．また u_{im} は磁性イオンを基準として $+m$ $(= x, y, z)$ 方向に位置する陰イオンの m 方向の変位であり，これは古典的物理量として取り扱う．M は陰イオンの質量，K は磁性イオンと最近接の陰イオンの間のばね定数であり，$\omega = \sqrt{K/M}$ とする．式 (4.76)

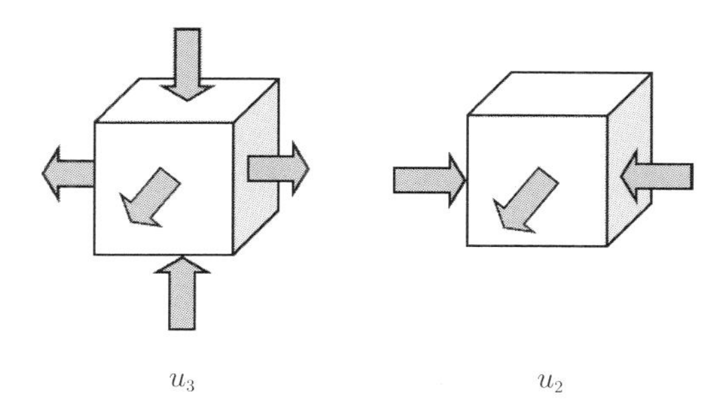

図 4.13 e_g 対称性の結晶歪み.

の第 3 項と第 4 項はそれぞれ結晶格子全体の一様歪み，ならびにこれと電子軌道との相互作用を表し

$$\mathcal{H}_{\rm str} = c_0 \sum_{l=(x,z)} u_l^2 \tag{4.79}$$

ならびに

$$\mathcal{H}_{\rm el-str} = g_0 \sum_{l=(x,z)} u_l T_{k=0}^l \tag{4.80}$$

で与えられる．ここで u_l は図 4.13 に示した結晶の一様歪みであり，$T_{k=0}^l$ は擬スピン演算子の Fourier 変換における波数ゼロ成分である．c_0 は弾性定数，g_0 は格子歪みと電子軌道との相互作用定数であり，簡単のために電子系における電子間相互作用は無視した.

以下では Q_i^l と u_{im} を結晶格子の基準モードであるフォノンの自由度で書き直すが，その前にハミルトニアンにおける結晶の自由度に関して簡単に触れておく．一般に固体中のフォノンを考える際には、結晶の格子定数は固定して原子核の振動を取り扱うが，多くの軌道秩序転移においては結晶全体の格子変形（強弾性変形）が生じる．これは格子定数の変化を伴うためフォノン自由度では取り扱うことができず，これとは別に考慮する必要がある．これが式 (4.76) における第 3 項と第 4 項に相当する．まず原子核の変位を基準座標であるフォノン座標で表すために以下の書き換え

$$u_{im} = \frac{1}{\sqrt{2}} \sum_{\mathbf{k}} e^{i\mathbf{k}\cdot\mathbf{r}_i} \sqrt{\frac{\hbar}{M\omega}} q_{\mathbf{k}m} \tag{4.81}$$

を導入する．ここで $q_{\mathbf{k}m}$ は波数 $\mathbf{k}$ のフォノン座標であり，これと $q_{\mathbf{k}m}$ の正準運動量 $p_{\mathbf{k}m}$ を用いると第1項と第2項はそれぞれ

$$\mathcal{H}_{\mathrm{JT}} = -2\sum_{\mathbf{k}lm} \sqrt{\hbar\omega}\, g_{\mathbf{k}ml} T^{l}_{-\mathbf{k}} q_{\mathbf{k}m} \tag{4.82}$$

ならびに

$$\mathcal{H}_{\mathrm{ph}} = \sum_{\mathbf{k}m} \frac{\hbar\omega}{2}\left(p^2_{\mathbf{k}m} + q^2_{\mathbf{k}m}\right) \tag{4.83}$$

となる．$g_{\mathbf{k}ml}$ は構造因子を含めた結合定数であり，C_{lm} を数係数として $g_{\mathbf{k}ml} = g/(2\sqrt{K})(1-e^{-k_m a})C_{lm}$ で与えられる．ここでフォノン座標に対して以下のような正準変換

$$\widetilde{q}_{\mathbf{k}m} = q_{\mathbf{k}m} - \frac{2}{\sqrt{\hbar\omega_{\mathbf{k}}}}\sum_{l} g_{\mathbf{k}ml} T^{l}_{\mathbf{k}} \tag{4.84}$$

を導入し，これと対応する正準運動量 $\widetilde{p}_{\mathbf{k}\xi}$ を導入する．以下では擬スピン演算子の量子性を無視し，擬スピンの各成分が互いに交換できると仮定しよう．これにより式 (4.76) の第1項と第2項は

$$\mathcal{H}_{\mathrm{JT}} + \mathcal{H}_{\mathrm{ph}} = -\frac{g^2}{K}\sum_{\mathbf{k}ll'} A_{\mathbf{k}ll'} T^{l}_{-\mathbf{k}} T^{l'}_{\mathbf{k}} + \sum_{\mathbf{k}\xi} \frac{\hbar\omega}{2}\left(\widetilde{p}^2_{\mathbf{k}\xi} + \widetilde{q}^2_{\mathbf{k}\xi}\right) \tag{4.85}$$

と書き換えられ，電子の自由度とフォノンの自由度を形式的に分離することができる．第1項は軌道間の有効的な相互作用を与え，その結合定数は $J_{JT} \equiv g^2/K$ である．これは Jahn-Teller 相互作用の2次の過程であり，仮想的なフォノンを媒介した軌道間相互作用と解釈できる．$A_{\mathbf{k}ll'}$ は構造因子で $c_l \equiv \cos(ak_l)$ として $A_{\mathbf{k}11} = -(c_x+c_y)/2$, $A_{\mathbf{k}12} = A_{\mathbf{k}21} = (c_x-c_y)/(2\sqrt{3})$, $A_{\mathbf{k}22} = -(c_x+c_y+4c_z)/6$ で与えられる．式 (4.85) の第1項を書き直すと

$$\mathcal{H}_{\mathrm{cJT}} = J_{\mathrm{cJT}}\sum_{\langle ij\rangle} \tau^{l}_{i}\tau^{l}_{j} \tag{4.86}$$

が得られる．ここで τ^{l}_{i} は，式 (4.46) で導入したボンド方向に依存した軌道擬スピン演算子である．上式の軌道間相互作用は 4.5 節の式 (4.54) で導出した e_g

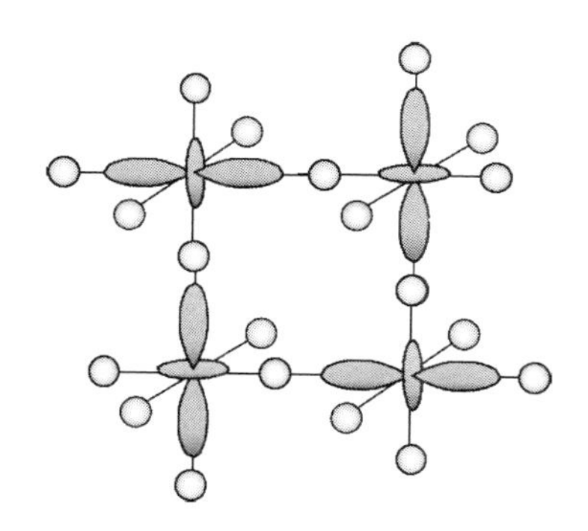

図 **4.14** 協力的 Jahn-Teller 効果による軌道配列と原子変位.

軌道模型と同じ形であり，相互作用定数も同符号である．協力的 Jahn-Teller 効果に起因した軌道間相互作用が反強的であるのは，図 4.14 に示すように隣り合う A_6 八面体において陰イオンを共有しており，一方の八面体におけるボンド長の増大は他方の伸縮を引き起こすためである．

協力的 Jahn-Teller 相互作用による軌道秩序の理論研究は，スピネル型 $Ni_{1-x}Cu_xCr_2O_4$ の構造相転移において大きな成功を収めた [104]．上で述べたペロフスカイト型結晶構造においては，協力的 Jahn-Teller 効果による軌道間相互作用 (J_{cJT}) と超交換相互作用による軌道間相互作用 (J_{SE}) の両者は互いに相加的であることが示される．このため軌道秩序には両者の和 $J_{SE} + J_{cJT}$ が軌道間相互作用となり，どちらが主要な相互作用であるかを決定することは難しい．軌道秩序に加えて磁気秩序が出現する場合は磁気転移温度から J_{SE} を評価することが可能である．また弾性定数の解析と組み合わせることで J_{SE} と J_{cJT} を分離する試みが行われている [105].

第5章 軌道秩序

固体中で相互作用するスピンが規則的に配列するように，軌道間の相互作用により軌道秩序とよばれる軌道自由度の配列が実現する．磁気秩序と同様に固体内では様々なタイプの軌道秩序が現れるが，それらは 5.1 節から 5.3 節で概観する．続く節では軌道秩序の物理的背景，特に軌道フラストレーション効果と隠れた対称性について焦点を当てる．スピン間の相互作用と質的に異なり軌道相互作用がボンドの方向に依存すること，特定の方向においてしばしば相互作用が消失することが要因である．この結果として「揺らぎによる秩序化」や「方向秩序」などの軌道縮退系に特徴ある現象が出現する．

5.1 軌道秩序

磁性イオンの最外殻軌道に縮退がある場合，各サイトに軌道自由度が存在する．スピン自由度と同じように，高温ではエントロピーの利得のためにこの自由度が残るが，温度の降下により自由度間に働く相互作用の効果が有効となり特定の軌道のみを電子が占有し結晶内で軌道が規則的に配列する．これは軌道秩序，配列が生じる温度は軌道秩序温度とよばれる．軌道秩序はいわゆる自発的対称性の破れの一例であり，多くの系で回転対称性や並進対称性が低下する．

代表的な軌道秩序の例として $LaMnO_3$ における軌道秩序の模式図を図 5.1(a) に示す．図 2.8 で紹介したように Mn^{3+} では e_g 軌道の自由度が存在し，その波動関数は一般的に式 (4.3) で表される．およそ 780 K で 2 種類の軌道が規則的に配列し，それぞれの軌道波動関数は近似的に $d_{3x^2-r^2}$ 軌道と $d_{3y^2-r^2}$ 軌道で表される．これに伴い Mn イオンを取り囲む酸素八面体において電子軌道の伸

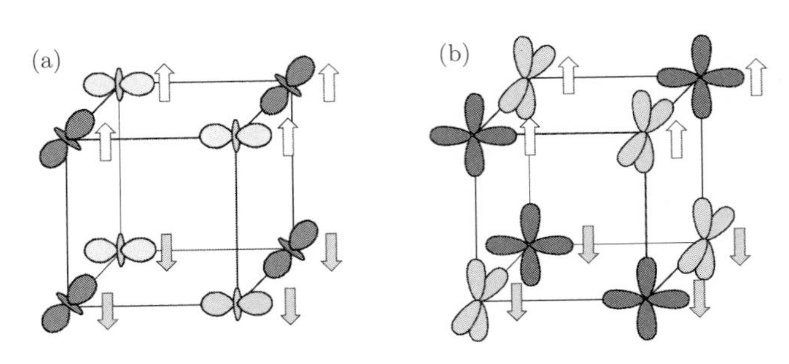

図 5.1　(a) $LaMnO_3$ と (b) $KCuF_3$ におけるスピン・軌道秩序．(b) ではホールが占有する軌道を示している．

びた方向に Mn-O ボンド長の増大が生じる格子変形が生じる．さらに温度が低下すると，およそ 140 K で図 5.1(a) に示したような A 型反強磁性とよばれる層状反強磁性秩序（面内で強磁性配列，面間で反強磁性配列）が出現する．これは上記の軌道秩序と密接に関係しており次節で詳しく説明する．また光学吸収スペクトルにおいても偏光による異方性が見出されており，これは軌道秩序によりよく解釈されている．同様に e_g 軌道自由度を有する系の代表的な例として $KCuF_3$ の軌道秩序の模式図を図 5.1(b) に示す．Cu^{2+} における 1 つのホールが $d_{z^2-x^2}$ 軌道と $d_{y^z-z^2}$ 軌道を互い違いに占有し，この軌道秩序がおよそ 800 K 以上まで実現している．これに起因して 40 K 以下で擬 1 次元的な反強磁性秩序が実現する [106].

t_{2g} 軌道が関与する軌道秩序の例として $LaVO_3$ における軌道配列の模式図を図 5.2(a) に示す．V^{3+} におけるエネルギー準位と t_{2g} 軌道の自由度については図 2.9 で示したが，ここでは簡単のためスピン軌道相互作用を無視して考える．2 個の d 電子のうち 1 個は d_{xy} 軌道をすべてのサイトで占有し，残りの電子は d_{yz} 軌道もしくは d_{zx} 軌道が互い違いに占有することで G 型反強的軌道秩序とよばれる配列が実現する．これに伴い立方晶から斜方晶に結晶の対称性の低下が生じる．図 5.2(a) に表したように C 型とよばれる反強磁性秩序（面内で反強磁性配列，面間で強磁性配列）が実現するが，これには軌道秩序や秩序温度近傍の大きな揺らぎに起因している．図 5.2(b) に別な例として $YTiO_3$ における軌道秩序の模式図を示した．結晶の単位格子に 4 つの非等価な Ti サイトが存在し，

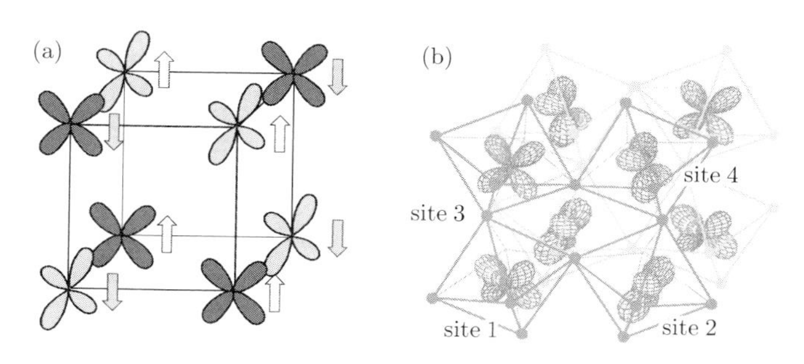

図 **5.2** (a) $LaVO_3$ と (b) $YTiO_3$ におけるスピン・軌道秩序（(b) は文献 [158]; H. Nakao, Y. Wakabayashi *et al.*, 2002 より）. (a) ではすべてのサイトで占有されている d_{xy} 軌道は省略されている.

3 重縮退した t_{2g} 軌道のうちの 2 つの線形結合により得られる $(\psi_{yz} \pm \psi_{xy})/\sqrt{2}$ 軌道ならびに $(\psi_{zx} \pm \psi_{xy})/\sqrt{2}$ 軌道が各サイトで占有されていることが, 後述する共鳴 X 線散乱や偏極中性子散乱により明らかになっている. 磁性に関しては軌道秩序に由来しておよそ 30 K で強磁性秩序が出現する.

一般的に軌道秩序の秩序変数は式 (4.2) や式 (4.59) で導入した軌道演算子の平均値で定義され, それらの Fourier 変換を導入して $\langle T^l_{\mathbf{k}} \rangle$ や $\langle O_{l\mathbf{k}} \rangle$ で記述するのが便利である. 磁気秩序と同様に, すべてのサイトで同じ軌道が配列する強的軌道秩序や互い違いの配列となる反強的軌道秩序, さらにはキャント型, らせん型などの擬スピン空間における非共線的, 非共面的な軌道秩序が実現することがある. 特に単純立方格子を考えたとき 2 つの副格子からなる（反）強的軌道秩序として, 磁気構造との類推により次の 4 つの配列が考えられる. ここでカッコ内はその名称, $\mathbf{Q}$ は秩序を特徴づける波数, 立方格子の 3 つの軸を x, y, z 軸としてその 1 辺を $a = 1$ としている.

(1) 強的秩序 (F 型) $\mathbf{Q} = (0, 0, 0)$
(2) xy 面内で強的配列で z 軸方向で反強的配列 (A 型反強的秩序) $(0, 0, \pi)$
(3) xy 面内で反強的配列で z 軸方向で強的配列 (C 型反強的秩序) $(\pi, \pi, 0)$
(4) すべての軸方向において反強的配列 (G 型反強的秩序) (π, π, π)

$LaMnO_3$ の軌道秩序の秩序変数は近似的に $\langle T^x_{(\pi,\pi,0)} \rangle = \sqrt{3}/2$ ならびに

$\langle T^z_{(0,0,0)} \rangle = 1/2$ となり，これは T^x–T^z 空間の擬スピンに関してキャント配列とみなせる．T^x に関しては C 型反強的秩序であり系の並進対称性の破れに相当して回折実験における超格子反射が出現し，T^z 成分に関しては強的秩序であり，これに伴って結晶の強弾性変形が生じる．また $LaVO_3$ における軌道秩序の秩序変数は $\langle O_{E_u(0,0,0)} \rangle = 2/\sqrt{3}$ ならびに $\langle O_{E_v(\pi,\pi,0)} \rangle = 1$ で表現される．

現実の物質では結晶構造の詳細，磁性イオンや陰イオンの種類，その電子数や電子配置，圧力や温度などの外場に応じて様々な型の軌道秩序状態が実現する．このような軌道秩序の一般論を展開することは容易ではなく個々の物質に沿った各論になる傾向がある．それらを網羅的に紹介するのは本書の目的ではなく他書に譲ることとし [12,13]，5.2, 5.3 節で代表的な軌道秩序物質の例を紹介するにとどめる．5.4, 5.5 節では，前章で導入したいくつかの理論模型を対象として軌道フラストレーション効果と隠れた対称性について焦点を当てる．

5.2 Mott 絶縁体における軌道秩序・磁気秩序の具体例

本節では Mott 絶縁体における軌道秩序の代表例として図 5.1 に紹介した $LaMnO_3$ と $KCuF_3$ を対象として，その軌道秩序と磁気秩序の起源について紹介する．これらの物質における軌道秩序は反強的軌道配列に分類され，電子間相互作用に基づく Kugel-Khomskii 模型や協力的 Jahn-Teller 効果に基づく模型の軌道間相互作用から期待される軌道秩序の傾向と合致している．磁性に着目すると，異なる軌道が隣り合うボンドで強磁性配列，同じ軌道が配列するボンドで反強磁性配列が実現しており Kugel-Khomskii 模型におけるスピン間相互作用から期待される配列となっている．一方，軌道やスピンの詳細な配列や定量的な評価については理論解析と考察が必要である．

ここでは式 (4.48) の Kugel-Khomskii 模型と式 (4.86) の協力的 Jahn-Teller 効果に基づく模型に平均場近似法を適用した結果を紹介する [72]．改めて 2 つの模型を下に記しておこう．

$$\mathcal{H}_{\rm SO} = -2J_1 \sum_{\langle ij \rangle} \left(\frac{3}{4} + \mathbf{S}_i \cdot \mathbf{S}_j \right) \left(\frac{1}{4} - \tau_i^l \tau_j^l \right)$$

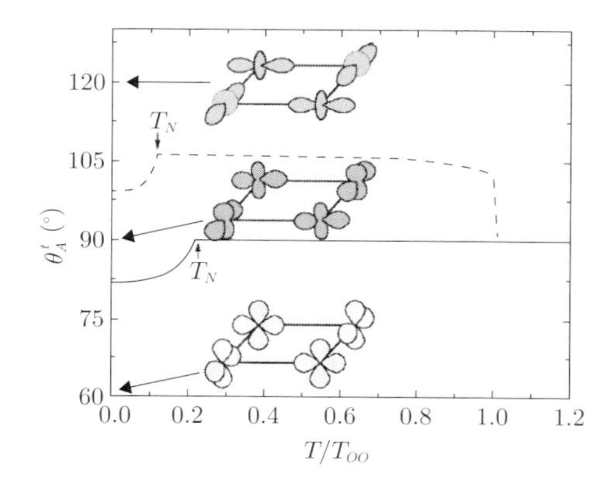

図 5.3 スピン・軌道模型と協力的 Jah-Teller 相互作用模型による軌道擬スピン角度の温度依存性（文献 [105]; S. Okamoto, S. Ishihara, and S. Maekawa, 2002 より）．実線と点線はそれぞれ Jahn-Teller 効果における非調和ポテンシャル B がゼロの場合と有限の場合．

$$- 2J_2 \sum_{\langle ij \rangle} \left(\frac{1}{4} - \mathbf{S}_i \cdot \mathbf{S}_j \right) \left[\frac{3}{4} + \tau_i^l \tau_j^l + \tau_i^l + \tau_j^l \right] \tag{5.1}$$

$$\mathcal{H}_{\mathrm{cJT}} = J_{JT} \sum_{\langle ij \rangle} \tau_i^l \tau_j^l \tag{5.2}$$

ここでは簡単のために式 (4.44) で $J_2 = J_3$ としている．また $LaMnO_3$ を想定して t_{2g} 軌道のスピン間に働く反強磁性的交換相互作用 ($J_{\mathrm{AF}} > 0$) と Jahn-Teller 相互作用に関する式 (3.43) の非調和ポテンシャル項 B を考慮している．図 5.3 では反強的軌道秩序における軌道擬スピンの角度 $\theta = \tan^{-1}(\langle T^x \rangle / \langle T^z \rangle)$ の温度依存性が示されており，$\theta = \pi/3$ が $(d_{y^2-z^2}, d_{z^2-x^2})$ 軌道配列に，$\theta = 2\pi/3$ が $(d_{3x^2-r^2}, d_{3y^2-r^2})$ 軌道配列に対応する．T_{OO} ならびに T_{N} はそれぞれ C 型反強的軌道秩序と A 型反強磁性秩序の転移温度で，前者が後者よりかなり高いことが示されており，$LaMnO_3$ と $KCuF_3$ の結果を再現している．これは電子間相互作用による軌道間相互作用と協力的 Jahn-Teller 効果による軌道間相互作用が相加的に働くためである．他方，軌道波動関数に関する結果は単純ではない．Jahn-Teller 効果の非調和ポテンシャルがゼロの場合（図 5.3 の実線）は，T_{N} 以上で $d_{3z^2-r^2}$ 軌道と $d_{x^2-y^2}$ 軌道が同じ割合で重ね合わせられた軌道配列が安定となり，これは $LaMnO_3$ と $KCuF_3$ の軌道配列と合致しない．T_N 以下で軌道変形が生じ，$(d_{y^2-z^2}, d_{z^2-x^2})$ 軌道の割合が増大する．これは式 (5.1) の第 2 項の効果であり，z 軸方向に同種類の軌道を配列することで反強磁性交換相互作用のエネルギーの利得を増大している．したがって，$LaMnO_3$ における $(d_{3x^2-r^2}, d_{3y^2-r^2})$ 軌道配列（電子軌道）や $KCuF_3$ における $(d_{y^2-z^2}, d_{z^2-x^2})$ 配列（ホール軌道）を再現するには，図 5.3 の点線で表される Jahn-Teller 効果の非調和ポテンシャル項が必要であることがわかる．

現実の物質においては電子間相互作用による軌道間相互作用と協力的 Jahn-Teller 効果によるそれとを分離することは難しい．これは先述のように，多くの物質の軌道秩序に対して両者が相加的に働くためである．これに関しては式 (5.1) と式 (5.2) の模型に基づいて，軌道秩序温度に加えて反強磁性転移温度，スピン波の分散関係，超音波吸収の実験結果を利用することで分離の試みが行われている [105]．また局所密度近似 (Local Density Approximation: LDA) に基づく密度汎関数理論 (Density Functional Theory: DFT) や，これと動的平均場近似法 (Dynamical Mean-Field Theory : DMFT) を用いた計算により，両エネルギーや転移温度の精密な評価がなされている [107–109].

これまで平均場近似法による軌道秩序の理論解析を中心に紹介した．しかし 4.5 節で紹介した軌道フラストレーション効果のために，式 (5.1) や式 (5.2) の軌道模型に平均場近似法を単純に適用するには慎重を期する必要がある．軌道擬スピンのみで表される e_g 軌道模型は 5.4 節で詳しく紹介することにして，ここではスピン軌道模型 [式 (5.1)] に平均場近似を超えて量子効果を取り入れた解析を簡単に紹介する [110]．図 5.4 に広いパラメータ範囲で平均場近似法により調べられた基底状態の相図を示す．ここでは，スピン・軌道模型に加えて軌道擬スピンに関する外場項 $\mathcal{H}_z = -E_z \sum_i \tau_i^z$ が追加されている．式 (5.1) の交換相互作用に含まれる Hund 結合（J_H）と E_z の平面において相図が示されており，$J_H = 0$ は $J_1 = J_2$ に相当する．図 5.4 の原点において多数のスピン・軌道状態が縮退すること，相互作用の次元が実効的に減少することが見出されている．この状態に量子効果を導入することで相図の原点近傍で古典的なスピン・軌道秩序が不安定となり，量子スピン液体状態が実現する可能性が提唱されている．この計算を契機に “揺らぎによる秩序化” 機構による解析がなされ，古

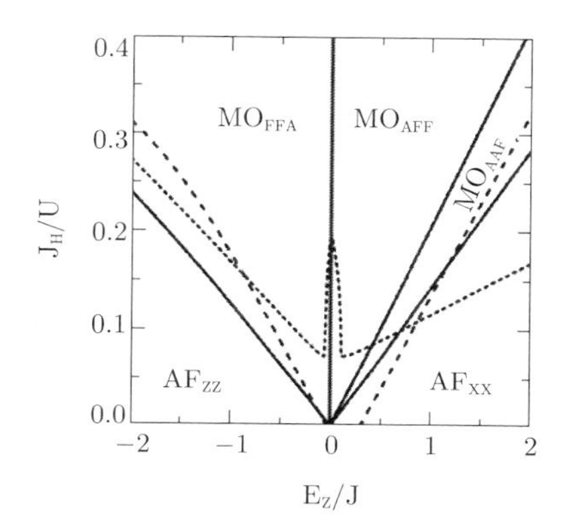

図 **5.4** スピン・軌道模型に軌道のポテンシャルを加えた模型による相図．AFzz ならびに AFxx は $d_{3z^2-r^2}$ ならびに $d_{3x^2-r^2}$ 軌道が配列した異方的な反強磁性相，$\mathrm{MO_{FFA}}$ ならびに $\mathrm{MO_{AFF}}$ は混成した軌道配列を伴った A 型反強磁性相．$\mathrm{MO_{AAF}}$ は混成した軌道配列を伴った C 型反強磁性相．実線は平均場近似による相境界．点線と破線の間の領域は長距離秩序の不安定が予想される領域（文献 [110]; L. F. Feiner, A. M. Oleś, and J. Zaanen, 1997 より）．

典的な磁気・軌道秩序の安定に関する研究が盛んとなった [111–113].

5.3 金属相における軌道秩序・磁気秩序の具体例

これまでの節では Mott 絶縁体における様々な軌道秩序と磁気秩序との関係について紹介した．Mott 絶縁体に元素置換を行うことでキャリアを導入するとやがて絶縁体–金属転移が生じるが，これによる電子構造や磁気構造の変化は銅酸化物超伝導体において精力的に研究がなされている．そこでは数パーセントのキャリア・ドープにより反強磁性秩序が消失し，やがて高温超伝導が発現する．磁気秩序と同様に Mott 絶縁体で実現する軌道秩序もキャリアの導入により大きな変化を受ける．これは $R_{1-x}A_x\mathrm{MnO_3}$ や $R_{1-x}A_x\mathrm{VO_3}$ (R は希土類金属イオン，A はアルカリ土類金属イオン) において詳しく調べられている．$\mathrm{La_{1-x}Sr_xVO_3}$ では $x=0$ で実現する C 型磁気秩序・G 型反強的軌道秩序はホールの導入により急激に融解し，$x=0.17$ 近傍で金属絶縁体転移が生じ軌道秩序

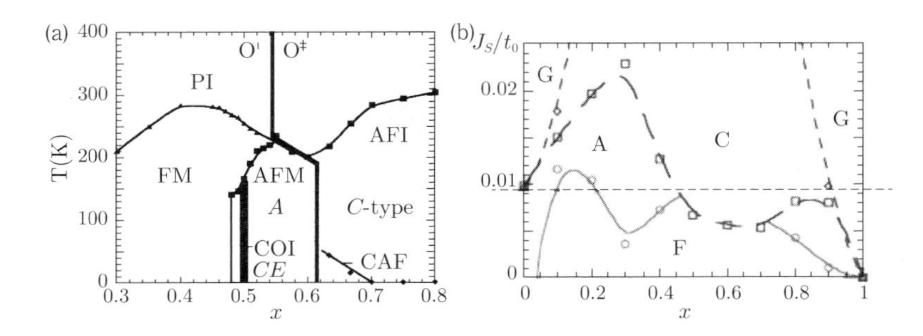

図 5.5　(a) $Nd_{1-x}Sr_xMnO_3$ の相図（文献 [114]; H. Kawahara, T. Okuda *et al.*, 1998 より）．(b) 理論計算による基底状態のスピン・軌道相図（文献 [115]; R. Maezono, S. Ishihara, and N. Nagaosa, 1998 より）．J_s はスピン間の反強磁性交換相互作用．

のない反強磁性金属となる．

金属相における軌道秩序は $R_{1-x}A_x\mathrm{MnO}_3$ において実験・理論ともに詳細に調べられており [図 5.5(a)] [114]，ホール濃度 x の増大に伴い軌道・スピン構造が以下のように逐次転移を示すことが明らかになっている：

(Mott 絶縁体，A 型反強磁性，C 型反強的軌道秩序) → (金属，強磁性，軌道無秩序) → (電荷秩序絶縁体，CE 型反強磁性，長周期反強的軌道秩序) → (金属，A 型反強磁性，$d_{x^2-y^2}$ 強的軌道秩序) → (金属，C 型反強磁性，$d_{3z^2-r^2}$ 強的軌道秩序) → (Mott 絶縁体，G 型反強磁性，軌道自由度なし)

ここで，電荷秩序絶縁体とは Mn^{3+} と Mn^{4+} が格子上に交互に配列することで生じる絶縁体である．図 5.5(b) に示すように，スピン・軌道秩序の系統的な変化は電荷秩序絶縁体相を除いて理論計算によりよく再現される．ここでは 2 軌道 Hubbard 模型の解析結果を示したが，式 (5.1) のスピン・軌道模型と式 (4.75) の軌道縮退のある場合に拡張された 2 重交換模型においても同様の結果が得られている．

金属相における軌道秩序は軌道構造に依存した電子のエネルギー・バンドから理解することができる [115, 116]．$d_{x^2-y^2}$ 軌道秩序を伴う A 型反強磁性相，ならびに $d_{3z^2-r^2}$ 軌道秩序を伴う C 型反強磁性相における一電子状態密度を図 5.6 に示す．電子間相互作用のため e_g 軌道バンドは複数のバンドに分裂し，図には

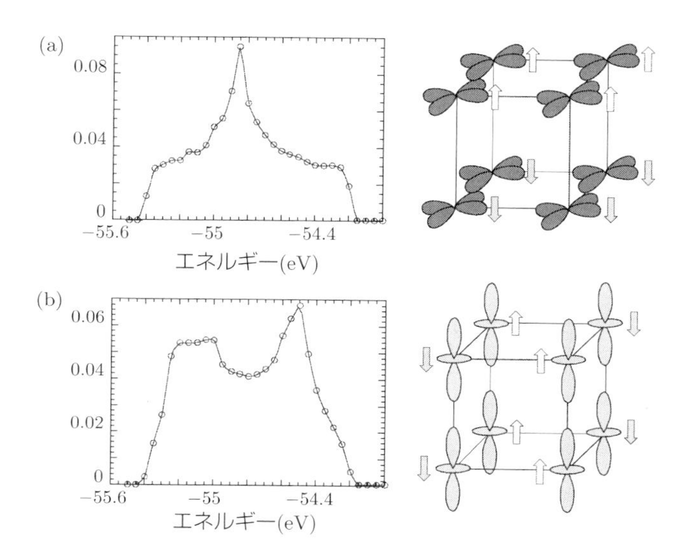

図 5.6 軌道秩序状態における状態密度（文献 [115]; R. Maezono, S. Ishihara, and N. Nagaosa, 1998 より）. (a) A 型反強磁性秩序，$d_{x^2-y^2}$ 強的軌道秩序. (b) C 型反強磁性秩序，$d_{3z^2-r^2}$ 強的軌道秩序.

Fermi 面が存在するバンドの状態密度を示した．$d_{x^2-y^2}$ 軌道ならびに $d_{3z^2-r^2}$ 軌道の空間異方性を反映して 2 次元的ならびに擬 1 次元的な状態密度の特徴が見られる．このようなバンド幅の減少や特徴的なピーク構造が電子濃度変化によるスピン・軌道構造の系統的な変化を担っている．

最後に Mott 絶縁体相に少量のホールをドープすることで実現する強磁性金属相について簡単に触れる．この領域では超交換相互作用に起因するスピン・軌道構造と拡張された 2 重交換相互作用に起因する構造との間で強い拮抗が生じる．マンガン酸化物における強磁性金属相では輸送現象やスピン波の分散関係に大きな空間異方性が見られないことから，通常の軌道秩序の実現は期待されない．理論的に様々な軌道構造のエネルギーが縮退することが見出されており，量子揺らぎによる軌道液体状態 [117]，$\langle T^y \rangle$ で表される磁気八極子秩序 [39]，反強的軌道秩序を伴う絶縁体と金属状態との電子相分離 [118, 119] などのいくつかの可能性が提唱されている．

5.4 e_g 軌道模型と揺らぎによる秩序化

本節では現実の物質を少し離れて 4.5 節の式 (4.54) で導入した立方格子上の e_g 軌道模型の軌道秩序について詳しく紹介する．ハミルトニアンを改めて記す．

$$\mathcal{H} = J \sum_i \left(\tau_i^x \tau_{i+\delta_x}^x + \tau_i^y \tau_{i+\delta_y}^y + \tau_i^z \tau_{i+\delta_z}^z \right) \tag{5.3}$$

ここでボンド方向に依存した擬スピン演算子を

$$\tau_i^l = \cos\left(\frac{2n_l\pi}{3}\right) T_i^z + \sin\left(\frac{2n_l\pi}{3}\right) T_i^x \tag{5.4}$$

で定義した．また最近接の i サイトと j サイトをつなぐボンドの方向を l $(= x, y, z)$ として $(n_x, n_y, n_z) = (1, 2, 3)$ である．擬スピン演算子をまとめて $\hat{T}_i = (T_i^z, T_i^x)^t$（ここで t は転置を意味する）と表記すると，ハミルトニアンは

$$\mathcal{H} = \sum_{\langle ij \rangle} \hat{T}_i^t \hat{J}_{ij} \hat{T}_j \tag{5.5}$$

と表される．$\hat{J}$ は相互作用を 2×2 行列で表したものである．擬スピン演算子を Fourier 変換により波数表示することでこれを書き直すと

$$\mathcal{H} = \sum_{\mathbf{k}} \hat{T}_{\mathbf{k}}^t \hat{J}_{\mathbf{k}} \hat{T}_{\mathbf{k}} \tag{5.6}$$

ならびに

$$\hat{J}_{\mathbf{k}} = J \begin{pmatrix} -\frac{1}{2}(c_x + c_y + 4c_z) & \frac{\sqrt{3}}{2}(-c_x + c_y) \\ \frac{\sqrt{3}}{2}(-c_x + c_y) & -\frac{3}{2}(c_x + c_y) \end{pmatrix} \tag{5.7}$$

となる．ここで簡略のために $c_l = \cos ak_l$ の記号を導入した．これを対角化することで 2 つの固有値

$$J_{\mathbf{k}}^{\pm} = J\left[-c_x - c_y - c_z \pm \sqrt{c_x^2 + c_y^2 + c_z^2 - c_x c_y - c_y c_z - c_z c_x} \right] \tag{5.8}$$

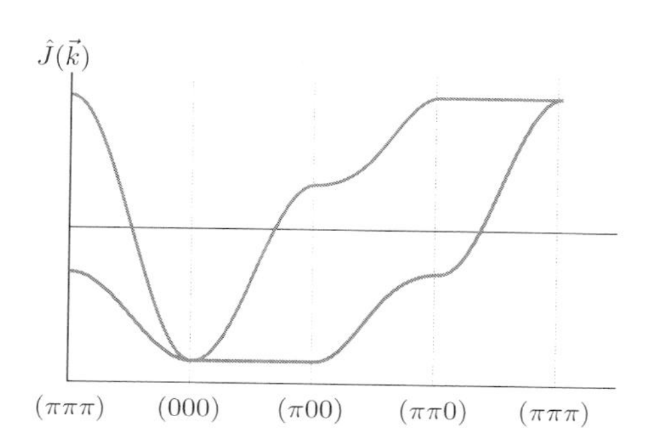

図 5.7 e_g 軌道模型における交換相互作用の波数表示.

が得られる [117]. これを図 5.7 に示した.

よく知られているように, スピン模型において相互作用を波数表示した場合, その最小値となる波数は古典的に安定な磁気秩序のスピン配列に対応している. 例として 3 次元立方格子の最隣接サイト間に交換相互作用が働く Heisenberg 模型 $\mathcal{H} = J\sum_{\langle ij\rangle} \mathbf{S}_i \cdot \mathbf{S}_j$ を考えよう. この相互作用の波数表示は $J_{\mathbf{k}} = J(c_x + c_y + c_z)$ となり, $J_{\mathbf{k}}$ の最小値は $J < 0$ $[> 0]$ の場合に $\mathbf{k} = (0,0,0)$ $[(\pi,\pi,\pi)]$ となる. これは期待される古典的な磁気秩序である強磁性秩序（G 型反強磁性秩序）と対応している. 本模型では図 5.7 に示したように Γ-X (R-M) において平坦な構造が存在し, これが最小値（最大値）を与える. また Γ 点ならびに R 点では 2 つの固有値が縮退していることがわかる. このことは古典的に安定な擬スピン秩序が波数空間で連続的に縮退していることを意味している. 同様な構造は Holstein-Primakoff 近似を用いた集団軌道励起（軌道波）の解析においても確認される [72]. このような相互作用の波数表示における平坦構造は, カゴメ格子などの幾何学的フラストレーションのある格子上のスピン模型においてよく見られる. e_g 軌道模型は単純立方格子上の模型であり, 幾何学的フラストレーションのない場合でも同様なフラストレーション効果が内在していることを意味しており, これは軌道フラストレーション効果とよばれる [72, 73, 110, 111, 120].

上記の縮退した軌道配置について以下で詳しく説明する. これは次の 2 種類に分類することができる [120].

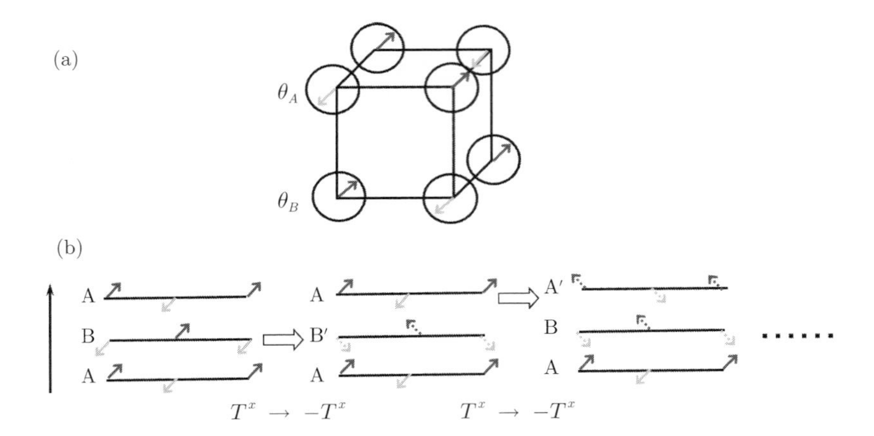

図 5.8 e_g 軌道模型の平均場近似における縮退．(a) 反強的擬スピン配置型縮退と (b) 積層型縮退．

(1) 反強的擬スピン配置型縮退

図 5.8(a) に示すように，2 つの副格子 A, B からなる G 型反強的擬スピン配列を考える．それぞれの副格子において T^x–T^z 平面内における擬スピンの角度を θ_A, θ_B とする．このとき $(\theta_A, \theta_B) = (\theta_0, \theta_0 + \pi)$ を満たす任意の θ_0 に対して，平均場近似によるエネルギーが縮退している．この縮退は図 5.7 の $J_{\mathbf{k}}$ において，2 つの固有値が Γ 点ならびに R 点において縮退していることに起因している．e_g 軌道模型のハミルトニアンには連続対称性は存在せず，これは古典的な擬スピン配置の平均場ハミルトニアンにおける縮退とみなせる．

(2) 積層型縮退

上記と同様に，2 つの副格子からなる G 型反強的擬スピン配列において $(\theta_A, \theta_B) = (\theta_0, \theta_0 + \pi)$ を満たす 1 つの配列を考える（図 5.8(b) 左）．この配列において 1 つの xy 平面に着目し，この面上に配置するすべての擬スピンに $T_i^x \rightarrow -T_i^x$ の変換を行う．この変換により，面内の隣接する擬スピンの相対角度は変わらないため面内の相互作用エネルギーは変化しない．また式 (5.4) に示されるように面間の相互作用に T^x は関与しないため，この変換の前後で z 方向の相互作用エネルギーは変化しない．した

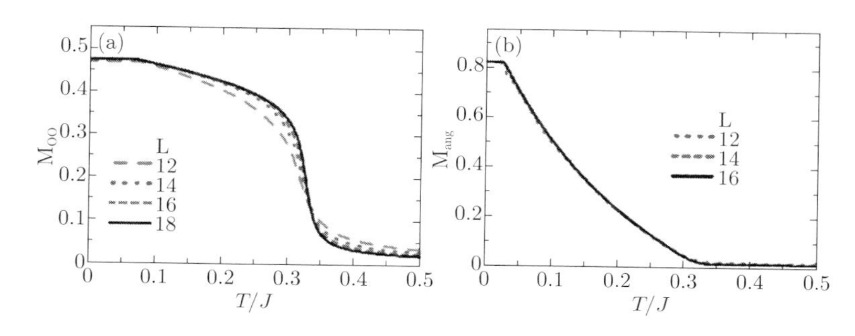

図 5.9 e_g 軌道模型における秩序変数の (a) 強度と (b) 角度相関関数の温度依存性（文献 [122]; T. Tanaka and S. Ishihara, 2009 より）．$T/J < 0.02$ の平坦部分は計算の精度によるもの．

がって，この変換により得られる擬スピン配列は元の配列と縮退していることがわかる．この変換は任意の xy 平面において実行可能である．同様に yz 平面，zx 平面においても同様の変換を実行することができる．結晶格子を構成する格子点の数を L^3 とすると，これは $3L$ 個の縮退を与える．ここで述べた縮退配列は Γ-X 軸上もしくは R-M 軸上において式 (5.8) が縮退していることに起因している．

上記の $J_{\mathbf{k}}$ に基づく軌道擬スピンの古典的配列（平均場近似解）に関する考察では，低エネルギー領域の擬スピン間相互作用が有効的に 2 次元的な連続的相互作用となっていることを意味している．2 次元系における連続対称性をもつスピン系では，有限温度で長距離秩序が生じないことが Mermin-Wagner の定理として知られており [121]，軌道秩序の有無については平均場近似を超えた揺らぎの効果を取り入れた解析が必要である．ここでは熱揺らぎの効果を考慮した古典モンテカルロ法による解析結果を図 5.9 に示す [122]．図 5.9(a) に擬スピン相関関数の温度変化を示す．温度の降下とともにおよそ $T_{\mathrm{OO}} = 0.35\,J$ で相関関数が急激に増大しており，これがクラスターサイズの増大とともに顕著となっていることから熱力学極限でこの温度近傍で長距離秩序が出現することを示唆している．図 5.9(b) に示すようにこれと同時に $\theta = 2\pi/3$ の擬スピンの角度相関関数が増大する．これらの結果は，平均場近似で示唆された軌道配列の連続縮退は揺らぎの効果により解け，波数 (π,π,π)，擬スピン角度 $(\theta_A,\theta_B)=(2n\pi/3,2n\pi/3+\pi)$（ここで $n=(1,2,3)$）の軌道秩序が有限温度で実現することを意味しており，これは熱揺らぎにより特定の軌道配列に対する自由エネルギーが低下したことを意味する．このような現象はフラストレーションのあるスピン模型でよく知られる“揺らぎによる秩序化”(order by fluctuation) 機構の 1 つである [123]．ここでは熱揺らぎによる秩序の出現について紹介したが，量子揺らぎを考慮しても同様な軌道秩序が実現することがスピン波近似を用いた解析により示されている [124].

5.5　コンパス模型と方向秩序

この節では 4.5 節で紹介した 2 次元正方格子における軌道コンパス模型の軌道秩序について紹介する．本模型を改めて以下に記す．

$$
\begin{aligned}
\mathcal{H} &= -J\sum_{\langle ij\rangle} T_i^l T_j^l \\
&= -J\sum_i \left(T_i^x T_{i+\delta_x}^x + T_i^y T_{i+\delta_y}^y\right)
\end{aligned}
\tag{5.9}
$$

ここで δ_x ならびに δ_y はそれぞれ，正方格子 x 軸ならびに y 軸の最隣接サイトを示し，正方格子の 1 辺における格子点数を L，全格子点数を $N=L^2$ とする．1 つの副格子のすべての擬スピンに対して T^z 軸周りに角度 π の回転を施すことで，$T^x\to -T^x, T^y\to -T^y$ とすることができる．このため J の符号は本質的ではなくここでは $J>0$ とする．e_g 軌道模型の場合と同様に擬スピン演算子の Fourier 変換を導入することで相互作用の波数表示を求めると

$$
J_{\mathbf{k}}^{\pm} = J\left[-c_x - c_y \pm \sqrt{c_x^2+c_y^2-c_xc_y}\right]
\tag{5.10}
$$

となる (図 5.10)．前述のように $c_x=\cos ak_x$ 等の略記号を用いている．Brillouin ゾーンの Γ-X 軸上ならびに M-X 軸上で平坦な相互作用となっており，式 (5.8) に示した e_g 軌道模型の 2 次元版とみなせる．$J_{\mathbf{k}}$ から予測される平均場近似解の 1 つとして，擬スピンの強的配列が考えられる．これを古典的ベクトル

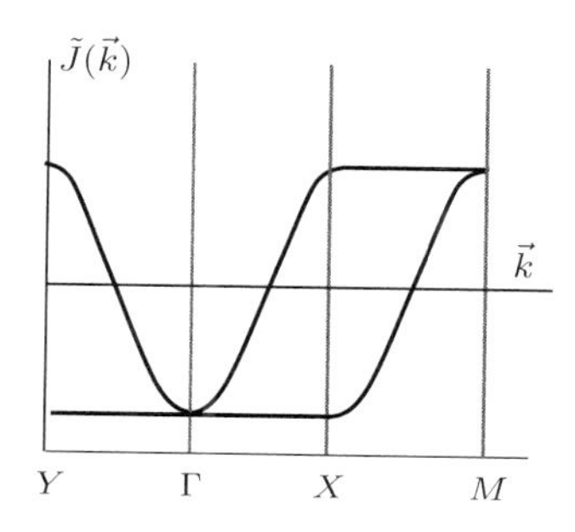

図 5.10 コンパス模型における相互作用の波数表示.

$(T^y, T^x) = (1/2)(\cos\theta, \sin\theta)$ としてハミルトニアンに代入すると

$$\mathcal{H} = -\frac{J}{4}\left(\sum_{\langle ij\rangle_x} \sin^2\theta + \sum_{\langle ij\rangle_y} \cos^2\theta\right) = -\frac{NJ}{4} \tag{5.11}$$

となり，エネルギーが擬スピンの角度 θ に依存しないことがわかる．この連続回転対称性は式 (5.9) のハミルトニアンには存在せず，平均場近似による配列が有する対称性である．

立方格子上の e_g 軌道模型と比較して 2 次元コンパス模型の大きな特徴は，以下に述べる局所的保存量とそれに付随する対称性の存在である [125,126]．i_y で指定される x 軸方向と平行な任意の 1 次元鎖に着目し，鎖上のすべての擬スピンに対して $T^x \to -T^x$ の変換を施したとき，式 (5.9) のハミルトニアンは不変であることがわかる．これは y 軸方向の相互作用に T^x が関与しないことに起因している．上記の変換は任意の 1 次元鎖において可能であり，また y 軸と平行な 1 次元鎖においても可能である．上記の変換の生成子はそれぞれ

$$X_{i_x} = \Pi_{i_y} 2T^x_{i_x i_y}, \qquad Y_{i_y} = \Pi_{i_x} 2T^y_{i_x i_y} \tag{5.12}$$

で与えられ，これらの演算子により $X^{-1}_{i_x} T^y_{i_x i_y} X_{i_x} = -T^y_{i_x i_y}$ ならびに，$Y^{-1}_{i_y} T^x_{i_x i_y} Y_{i_y} = -T^x_{i_x i_y}$ の変換が記述できる．ハミルトニアンはこの変換に対して不変であり，交換関係

$$[\mathcal{H}, X_{i_x}] = 0, \quad [\mathcal{H}, Y_{i_y}] = 0 \tag{5.13}$$

が任意の i_x ならびに i_y に対して成り立つことから，X_{i_x} ならびに Y_{i_y} とハミルトニアンは同時対角化可能である．X_{i_x} と Y_{i_y} の固有値をそれぞれ x_{i_x} と y_{i_y} と記すと，$X_{i_x}^2 = 1$ ならびに $Y_{i_y}^2 = 1$ から固有値はともに 1 もしくは -1 である．したがって，$(x_1, x_2 \cdots x_L)$ もしくは $(y_1, y_2 \cdots y_L)$ で表される少なくとも L 個の保存量が存在し，ハミルトニアンはこれらで特徴づけられる部分空間に部分対角化される．

このような局所的な対称性に関しては一般に次の Elitzur の定理が存在する：

局所的なゲージ対称性は自発的には破れない [127].

この定理と Mermin-Wagner の定理を一般化することで，局所的な対称性に関して「一般化された Elitzur の定理」が提唱されている [73]．これによると，この模型において強的軌道秩序は実現せず，次に説明する方向秩序 (Directional order) とよばれる秩序が実現する [128]．これは x 方向 ($+x$ 向きか $-x$ 向きかを問わず) における T^x の配列，もしくは y 方向における T^y の配列に関する秩序である．これは次の物理量

$$D = \frac{1}{N}\left(\sum_i T_i^x T_{i+\delta_x}^x - \sum_i T_i^y T_{i+\delta_y}^y\right) \tag{5.14}$$

で評価することができる．すべての擬スピンを T^z 軸周りに $\pi/2$ 回転させると同時に，結晶格子を z 軸周りに $\pi/2$ 回転させる変換を考える．この変換に対してハミルトニアンは不変であるが D は符号を変えることから，D が方向に関する対称性の破れに対応した物理量であることがわかる．これは図 5.11 に例として示した擬スピンの配列に相当する．ここでは，y 軸に平行な 1 次元鎖上において T^y は強的に配列しているが鎖間に相関はなく，擬スピン配列の強的秩序変数はゼロとなるが $\langle D \rangle$ は有限となる．x 軸に平行な 1 次元鎖における T^x の配列についても同様である．

コンパス模型における特異な局所対称性と方向秩序については，解析的手法，数値的手法を合わせて様々な理論研究がなされている．以下では古典ならびに量子モンテカルロ法を用いた計算結果を紹介する [128, 129]．図 5.12(a) に古典コンパス模型における方向秩序の様子を示す．ここでは式 (5.14) の代わり

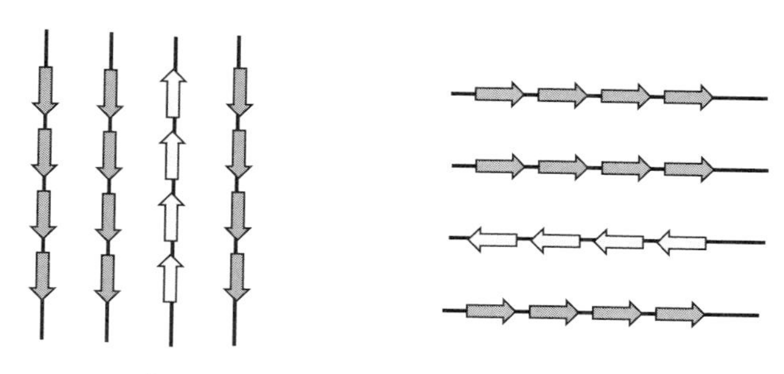

図 **5.11** コンパス模型における方向秩序.

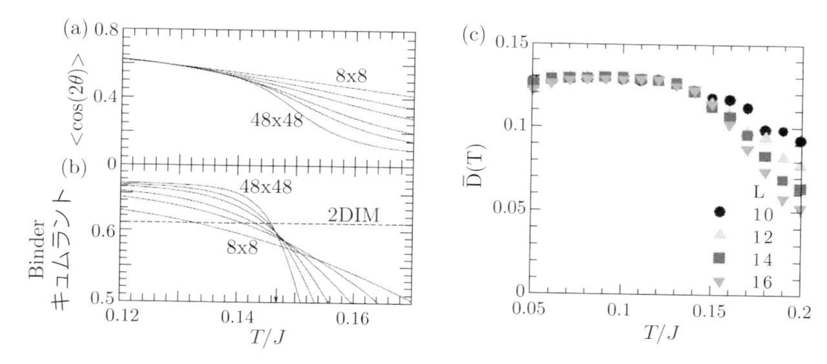

図 **5.12** コンパス模型における方向秩序.(a) 古典コンパス模型における秩序変数とBinderキュムラントの温度変化(文献 [128]; A. Mishra, M. Ma *et al.*, 2004 より).(c) 量子コンパス模型における秩序変数の温度変化(文献 [129]; T. Tanaka and S. Ishihara, 2007 より).

に $q = \frac{1}{N}\sum_i (T_i^{x2} - T_i^{y2})$ の計算結果が示されており,およそ 0.145 J で秩序変数の温度変化が急激となり,方向秩序が生じることがわかる.図 5.12(b) にはBinderキュムラントとよばれる物理量の温度変化が示されている.これは $B = 1 - \langle q^4 \rangle / (3\langle q^2 \rangle^2)$ で定義され,様々なクラスター・サイズでプロットした場合にそれらの交点が転移温度を与える.図 5.12(b) から,およそ 0.147 J が転移温度とみなせる.図 5.12(c) に示した量子モンテカルロ法による結果では,古典モンテカルロ法による計算結果ほど明確ではないが,およそ 0.14 J で秩序変数の温度依存性が急峻となっている.Binderキュムラントの解析から転移温度が 0.15 J であることが得られており,量子コンパス模型においても方向秩序が実現することが示されている.

第6章 軌道自由度の観測と共鳴X線散乱

スピン自由度を観測する方法として様々な実験手段が存在するのに対して，軌道自由度を直接観測する実験手段は限られている．これは軌道自由度が高次の多極子であること，スピンと比べて格子との結合が強いことに起因している．このため長い間，軌道自由度は隠れた自由度と認識されてきた．シンクロトロン放射光のもつエネルギー可変性と偏光特性を利用した共鳴 X 線散乱法は，我が国ではじめて軌道秩序の観測に適用され，今日では軌道物理研究において欠くことのできない手段として発展した．本章では，共鳴 X 線散乱法を中心に軌道秩序を観測する実験手段について実例を交えて紹介する．6.2 節と 6.3 節では，固体中の電子による X 線の散乱について基礎的な点から解説する．

6.1 軌道秩序の観測

固体内における電子スピンの観測は，帯磁率，中性子散乱，ミューオン・スピン緩和法，核磁気共鳴法などの多くの実験手法が存在する．それらの実験における観測量は静的・動的スピン相関関数と関係づけられ，理論計算と直接比較することが可能である．スピン自由度の観測に比べて軌道秩序や軌道励起の観測方法は限られている．電子軌道は格子変形と強く結合することから，結晶格子の変形や揺らぎから軌道状態の情報を得ることができる．これに関して次の Neumann の原理が知られている：

> 結晶の性質あるいは物質の物理的性質は，少なくともその結晶の点群の対称性をもたなければならない．

これによれば，原理的には結晶格子の対称性を X 線回折や中性子回折等により決定することで電子軌道分布の対称性が推定される．例外として最近注目を集めているのは，鉄ヒ素超伝導体などで議論されているネマティック状態とよばれる状態である．ネマティック相とは本来，液晶において構成する分子の方位に関して長距離秩序を示すが，分子の並進対称性は破れていない相を指す．鉄ヒ素超伝導体では結晶の対称性より低い電子状態が実現している可能性が示唆されており，液晶の用語を用いてこのようによばれているが，一種の格子歪みを伴わない，もしくは小さい軌道秩序と推測される．測定プローブの時間スケールや試料の問題なども含めて現在研究が盛んに進められている．

格子自由度を介して軌道状態の情報を得る代表的な方法として，超音波吸収実験による弾性定数について紹介しよう．電子の電気四極子と局所的な格子歪みに関する簡単な模型として

$$\mathcal{H} = \sum_{i\Gamma\gamma} g_\Gamma O_{i\Gamma\gamma}\varepsilon_{i\Gamma\gamma} + \sum_{(ij)\Gamma\gamma_1\gamma_2} I_{ij\Gamma} O_{i\Gamma\gamma_1} O_{j\Gamma\gamma_2} \tag{6.1}$$

のハミルトニアンを導入する．ここで第 1 項は結晶場効果に起因した電子と格子歪みとの静電相互作用（2.3 節参照）であり，第 2 項は異なるサイトの電気四極子間相互作用である．$O_{i\Gamma\gamma}$ は 4.2 節で導入したサイト i における対称性 Γ 既約表現 γ の四極子演算子，$\varepsilon_{i\Gamma\gamma}$ はこれと結合する局所的な格子歪みである．第 2 項を乱雑位相近似で取り扱うことで弾性定数に関して

$$C_\Gamma = C_{0\Gamma}\left[\frac{1-(Ng_\Gamma^2/C_{0\Gamma}+I_{0\Gamma})\chi_\Gamma}{1-I_{0\Gamma}\chi_\Gamma}\right] \tag{6.2}$$

の表式が得られる [130, 131]．ここで $C_{0\Gamma}$ は四極子自由度がない場合の弾性定数，$I_{0\Gamma}$ は $I_{ij\Gamma}$ の Fourier 変換における波数ゼロ成分である．χ_Γ は式 (6.1) の第 2 項を無視したときの局所的な四極子感受率であり，電子の基底状態 Γ_0 に軌道縮退がある場合は

$$\begin{aligned}\chi_\Gamma = &\frac{1}{Z}\sum_{\Gamma'(\neq\Gamma_0)}\sum_{\gamma_1\gamma_2}\frac{e^{-\beta E_{\Gamma'}}-e^{-\beta E_{\Gamma_0}}}{E_{\Gamma'}-E_{\Gamma_0}}|\langle\Gamma_0\gamma_1|O_\Gamma|\Gamma'\gamma_2\rangle|^2 \\ &+\frac{1}{k_BTZ}\sum_{\gamma_1\gamma_2}|\langle\Gamma_0\gamma_1|O_\Gamma|\Gamma_0\gamma_2\rangle|^2\end{aligned} \tag{6.3}$$

となる．ここで Z は分配関数である．この式は相互作用のあるスピン系の帯磁率とよい対応があり，第 1 項は励起状態への遷移による van Vleck 項，第 2 項は縮退基底状態に起因した Curie 項に相当する．高温の軌道無秩序状態から温度を降下すると，軌道秩序温度（構造相転移温度）で弾性定数が Curie-Weiss 的にソフト化することを意味する．したがって，弾性定数の温度変化により電気四極子演算子の相関関数やその間の相互作用に関する情報を得ることができる．

格子の自由度を介さずに軌道自由度を観測する手段は軌道物理研究に大きな役割を果たす．これについては本節の主題である共鳴 X 線散乱をはじめとして，電子線回析法，Compton 散乱法などが挙げられる．ここではその 1 つとして偏極中性子散乱を用いた軌道自由度の観測について紹介する [132, 133]．一般に軌道自由度を有するイオンは最外殻軌道が完全に占有されておらず，この軌道電子がスピン自由度を有する場合が多い．中性子散乱により電子スピンの空間分布を観測することで，電子軌道の広がりや対称性を観測することができる．

いま，$\mathbf{K} = \mathbf{k}_i - \mathbf{k}_f$ における中性子散乱の散乱強度 $I(\mathbf{K})$ を考える．これは構造因子 $F(\mathbf{K})$ の絶対値の 2 乗 $|F(\mathbf{K})|^2$ に比例する．構造因子は i 番目の原子からの寄与に分けることで $F(\mathbf{K}) = \sum_i f_i(\mathbf{K}) e^{i\mathbf{K}\cdot\mathbf{R}_i}$ と表すことができる．ここで $f_i(\mathbf{K})$ は i 番目の原子における散乱因子であり，$\mathbf{R}_i$ はその位置ベクトルである．中性子の散乱は核力による原子核との散乱と中性子がもつ磁気モーメントとの双極子相互作用による磁気散乱に分けられる．それぞれの散乱因子を $f_i^N(\mathbf{K})$ ならびに $f_i^M(\mathbf{K})$ とすると，$f(\mathbf{K}) = f_i^N(\mathbf{K}) + f_i^M(\mathbf{K})$ となり，それぞれの構造因子は $F_{N(M)}(\mathbf{K}) = \sum_i f_i^{N(M)}(\mathbf{K}) e^{i\mathbf{K}\cdot\mathbf{R}_i}$ と表される．核散乱による i 番目の原子核によるポテンシャルを $V_i^N(r)$ とすると構造因子は $f_i^N(\mathbf{K}) = \int d\mathbf{r} e^{i\mathbf{K}\cdot\mathbf{r}} V_i^N(\mathbf{r})$ で与えられる．核力の及ぶ距離は散乱ベクトル $|\mathbf{K}|$ の逆数より十分小さいことから，この散乱は $\mathbf{K}$ の大きさや方向に大きく依存しないことが知られている．

一方，磁気散乱の起源は双極子相互作用であり，$\mathbf{r}$ だけ離れた中性子の磁気モーメント μ_n と電子の磁気モーメント μ_e の間の相互作用は $\mathcal{H}_{ne} = 3(\mu_n \cdot \mathbf{r})(\mu_e \cdot \mathbf{r})/r^5 - \mu_e \cdot \mu_e / r^3$ で与えられる．これを Fourier 変換することで $\mathbf{K}$ の散乱に関与する相互作用は $\kappa = \mathbf{K}/|\mathbf{K}|$ を導入して

$$\mathcal{H}_{en}(\mathbf{K}) = 4\pi \mu_n \cdot \mu_{e\mathbf{K}}^{\perp} \tag{6.4}$$

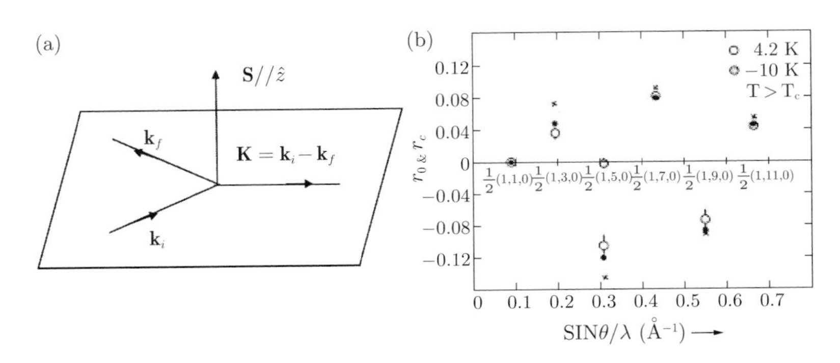

図 6.1　(a) 偏極中性子散乱の配置．(b) K_2CuF_4 における偏極中性子散乱の実験結果（文献 [134]; Y. Ito and J. Akimitsu, 1976 より）．白丸と黒丸はそれぞれ実験値と計算値．

となる．ここで $\mu_{e\mathbf{K}}^{\perp} = \kappa(\mu_e \cdot \kappa) - \mu_e = -\kappa \times (\mu_e \times \kappa)$ は μ_e の $\mathbf{K}$ と垂直成分であり，磁気相互作用演算子ともよばれる．電子のスピン磁気モーメントが連続的に分布していることを考慮して 4.2 節で解説した Wigner-Eckart の定理を用いると，これは $\sum_i e^{i\mathbf{K}\cdot\mathbf{R}_i}\kappa \times (\mathbf{S}_i \times \kappa) f_i^M(\mathbf{K})$ と表される．ここで $\mathbf{S}_i$ は i 番目のイオンにおけるスピン演算子であり，散乱因子は $f_i^M(\mathbf{K}) = \int d\mathbf{r} e^{i\mathbf{K}\cdot\mathbf{r}} \rho_{si}(\mathbf{r})$ で与えられる．$\rho_{si}(\mathbf{r})$ はスピン密度であり磁性を担う軌道の波動関数 $\phi_{i\lambda}(\mathbf{r})$ を用いて $\sum_\lambda \phi_{i\lambda}^*(\mathbf{r})\phi_{i\lambda}(\mathbf{r})$ で表されるため，これを測定することで波動関数の形状を評価することができる．

例としてスピンの向きが z 方向の強磁性状態を想定し，中性子散乱の散乱ベクトルを $\mathbf{K} \perp \mathbf{z}$ とする．スピンの向きと中性子の散乱との関係を図 6.1(a) に示した．入射中性子のスピンは z 方向の上向きもしくは下向きに完全偏極しているとすると，散乱強度はそれぞれ

$$I_{\uparrow,\downarrow}(\mathbf{k}) \propto |F_N(\mathbf{K}) \pm F_M(\mathbf{K})|^2 \tag{6.5}$$

となり，両者の違いから軌道の情報を反映した $F_M(\mathbf{K})$ を評価することができる．

図 6.1(b) に K_2CuF_4 における偏極中性子散乱の実験結果を示す [134]．この物質の Cu イオンの形式価数は 2 価，その電子配置は d^9 であり，これが 2 重縮退した e_g 軌道の自由度とスピン自由度を担っている．F_6 八面体の歪みから軌道秩序が予想されており，また 63.5 K で強磁性秩序が生じる．図 6.1(b) に示

したのは磁気散乱と核散乱による構造因子の比 $|F_M|/|F_N|$ であり，モデルによる計算値とよい一致を示している．この手法による軌道秩序の観測は磁気秩序の存在が必要条件であるがモデル計算との直接の比較が可能であり，$YTiO_3$ や $Lu_2V_2O_7$ における軌道秩序の観測に適用されている [135, 136].

軌道自由度は電荷密度や波動関数の多極子モーメントであることから，電荷自由度のよい測定手法である X 線散乱や X 線回折により観測できる．しかし，この方法はそれほど簡単な手法ではない．後述するように，X 線の散乱強度は構造因子 $F(\mathbf{K})$ の 2 乗に比例し，これは i 番目の原子の散乱因子 f_i を用いて $F(\mathbf{K}) = \sum_i f_i(\mathbf{K})e^{i\mathbf{K}\cdot\mathbf{R}_i}$ で与えられる．原子散乱因子は $f_i(\mathbf{K}) = \int d\mathbf{r}\rho_i(\mathbf{r})e^{i\mathbf{K}\cdot\mathbf{r}}$ により i サイト近傍の電荷分布 $\rho_i(\mathbf{r})$ を測定することができる．このため X 線の散乱強度は対象とする電荷の 2 乗に比例し，注目する軌道自由度を担う電子のみならず内殻軌道を占めるすべての電子が散乱に関与することが観測を困難にしている．これに対して前述の偏極中性子散乱では，磁気散乱に着目することで軌道自由度を担う最外殻の電子分布の情報のみを抽出できる．

X 線の精密構造解析による最外殻電子分布の評価は古くから行われている．対象となるのが最外殻軌道のため空間分布が大きいこと，多極子モーメントに由来する電荷分布の異方性を問題とするため微細な構造の評価が必要であり，X 線の散乱角 $(\sin\theta/\lambda)$ について広い領域で精密な測定が不可欠となる．特に高角側の上限は，電子密度評価の精度に大きな影響を及ぼす．図 6.2 に 2 重層ペロフスカイト型構造 $NdSr_2Mn_2O_7$ における測定・解析例を示す [137]．この物質は 150 K で A 型反強磁性秩序が生じ，これと同時にすべての Mn サイトにおいて $d_{x^2-y^2}$ の占有率の増大が予想される．ここでは 0.78 Å に対応する散乱角まで測定がなされ，より高角の情報は最大エントロピー法 (Maximum Entropy Method: MEM) を用いて推定している．図 6.2 では室温（左図）と 19 K（右図）において電荷分布が $0.4e/\text{Å}^3$ となる等高面を示している．低温では c 軸方向のボンドで電荷分布が減少しており，$d_{x^2-y^2}$ 軌道の占有が顕著となる様子が示される．X 線の精密結晶構造解析による軌道自由度の評価は，MEM を用いた方法以外にも様々な進展が試みられている [138, 139]．多重散乱の回避，軌道秩序に伴う強弾性ドメインの考慮，散乱因子から内殻電子による寄与を差し引いた量を Fourier 変換するコア差 Fourier 法等を用いることで精度が大きく向上

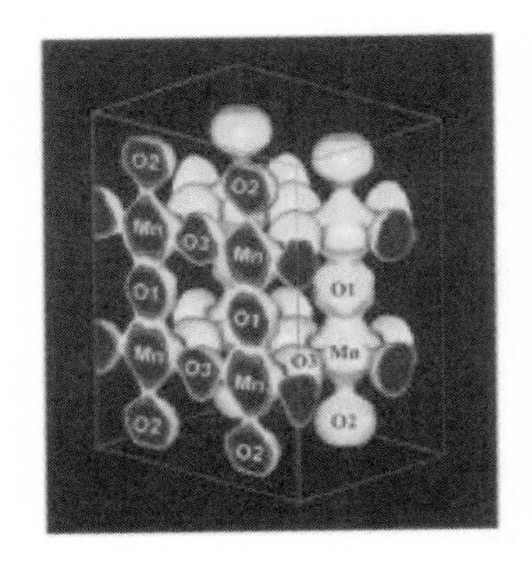
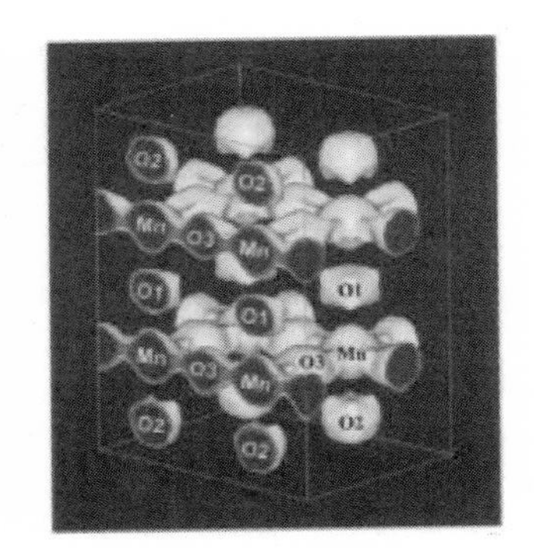

図 6.2　$NdSr_2Mn_2O_7$ の X 線精密構造解析法と MEM 法により得られた電子分布. (左)150 K と (右)19 K（文献 [137]; M. Takata, E. Nishibori *et al.*, 1999 より）.

し，$YTiO_3$ 等の軌道秩序物質に適用されている.

6.2 電子と X 線との相互作用

ここでは次節で詳しく述べる共鳴 X 線散乱による軌道秩序の観測のために，電子と X 線との相互作用，電子による X 線散乱断面積について基礎からその表式を導出する [140–142].

相互作用をする電子と電磁場の系として以下のハミルトニアン

$$\mathcal{H} = \mathcal{H}_{PA} + \mathcal{H}_{LS} + \mathcal{H}_{\mathrm{Z}} \tag{6.6}$$

を考える．右辺第 1 項は電子の運動量と電磁場との結合を表す項であり

$$\mathcal{H}_{PA} = \sum_i \frac{1}{2m} \left[\mathbf{P}_i - \frac{e}{c}\mathbf{A}(\mathbf{r}_i) \right]^2 \tag{6.7}$$

で与えられる．ここで $\mathbf{P}_i$ $(= -i\hbar\nabla_i)$ は i 番目の電子に対する運動量，$\mathbf{A}(\mathbf{r})$ は電磁場のベクトルポテンシャルである．電磁場に対しては Coulomb ゲージ $\nabla \cdot \mathbf{A}(\mathbf{r}) = 0$ を課して，$\mathbf{A}(\mathbf{r})$ は横波成分のみを考える．以下は式 (6.7) における $\mathbf{A}(\mathbf{r})$ の 1 次の項を $\mathcal{H}_{PA1}$，2 次の項を $\mathcal{H}_{PA2}$ と記す．式 (6.6) の第 2 項は相対論的量子力学により導入されるスピン・軌道相互作用

$$\mathcal{H}_{LS} = \frac{\hbar^2}{2m^2c^2r}\sum_i \frac{dV(|\mathbf{r}_i|)}{d\mathbf{r}_i}\mathbf{S}_i \cdot \mathbf{L}_i \tag{6.8}$$

であり，$\mathbf{S}_i$ と $\mathbf{L}_i$ はそれぞれ i 番目の電子のスピンと軌道角運動量である．電子に働くポテンシャル $V(|\mathbf{r}|)$ と電場との関係 $\mathbf{E}(\mathbf{r}) = -(\mathbf{r}/r)(dV(r)/dr)$ を用いると，これは

$$\mathcal{H}_{LS} = -\frac{e\hbar^2}{2cm^2}\sum_i \mathbf{S}_i \cdot [\mathbf{E}(\mathbf{r}_i) \times \mathbf{P}_i] \tag{6.9}$$

となる．この項は電子と電磁場との1次の相互作用に分類されるように見えるが，ゲージ変換 $\mathbf{P} \to \mathbf{P} - (e/c)\mathbf{A}$ を施すことで

$$\mathcal{H}_{LS} = \mathcal{H}_{LS0} - \frac{e^2\hbar}{2(mc^2)^2}\sum_i \mathbf{S}_i \cdot \left[\dot{\mathbf{A}}(\mathbf{r}_i) \times \mathbf{A}(\mathbf{r}_i)\right] \tag{6.10}$$

と書き換えられることから2次の相互作用を含むことがわかる．ここで $\mathcal{H}_{LS0}$ は電磁場と無関係な部分であり，以下ではこれを省く．式(6.6)の第3項は電子のスピンと磁場によるZeeman項であり，磁場とベクトルポテンシャルとの関係 $\mathbf{H}(\mathbf{r}) = \nabla \times \mathbf{A}(\mathbf{r})$ を用いると

$$\mathcal{H}_Z = -\frac{e\hbar}{mc}\sum_i \mathbf{S}_i \cdot [\nabla_i \times \mathbf{A}(\mathbf{r}_i)] \tag{6.11}$$

となる．

ここで結晶格子の各サイトにおける軌道 γ に対するWannier関数 $\phi_\gamma(\mathbf{r}-\mathbf{R}_i)$ $[\equiv \phi_{i\gamma}(\mathbf{r})]$ ならびにスピン波動関数 $\chi_\sigma(s)$ を基底関数にとることで，場の演算子を

$$\psi_\sigma(\mathbf{r}) = \sum_{i\gamma s}\phi_\gamma(\mathbf{r}-\mathbf{R}_i)\chi_s(\sigma)c_{i\gamma s} \tag{6.12}$$

と展開する．ここで $\mathbf{R}_i$ はサイト i の位置ベクトル，γ と s はそれぞれ軌道とスピンに関する添字であり，$c^\dagger_{i\gamma s}(c_{i\gamma s})$ は電子の生成（消滅）演算子である．一方，ベクトル・ポテンシャルは平面波を用いて

$$\mathbf{A}(\mathbf{r},t) = \sum_{\mathbf{k}\lambda} c\sqrt{\frac{\hbar}{2V\omega_{\mathbf{k}}}}\left(e^{i\mathbf{k}\cdot\mathbf{r}-i\omega_{\mathbf{k}}t}a_{\mathbf{k}\lambda} + e^{-i\mathbf{k}\cdot\mathbf{r}+i\omega_{\mathbf{k}}t}a^\dagger_{\mathbf{k}\lambda}\right)\mathbf{e}_{\mathbf{k}\lambda} \tag{6.13}$$

と展開する．ここで $a^{\dagger}_{\mathbf{k}\lambda}$ $(a_{\mathbf{k}\lambda})$ は波数 $\mathbf{k}$，偏光 $\lambda\,(=1,2)$ の光子（フォトン）の生成 (消滅) 演算子であり，$\mathbf{e}_{\mathbf{k}\lambda}$ は偏光ベクトル，$\omega_{\mathbf{k}}$ $(=c|\mathbf{k}|)$ は周波数である．

上記の展開を用いてハミルトニアンを第二量子化表示すると

$$\mathcal{H}_{PA1}=\frac{e}{m}\sum_{\mathbf{k}\lambda}\sum_{\alpha}\sqrt{\frac{\hbar}{2V\omega_{\mathbf{k}}}}e^{\alpha}_{\mathbf{k}\lambda}\sum_{i\gamma\gamma' s}e^{i\mathbf{k}\cdot\mathbf{R}_i}c^{\dagger}_{i\gamma s}c_{i\gamma' s}\times\left[p^{\alpha}_{i\gamma\gamma'}(\mathbf{k})e^{-i\omega_{\mathbf{k}}t}a_{\mathbf{k}\lambda}+p^{\alpha}_{i\gamma\gamma'}(-\mathbf{k})e^{i\omega_{\mathbf{k}}t}a^{\dagger}_{\mathbf{k}\lambda}\right] \tag{6.14}$$

の式が得られる．ここで

$$p^{\alpha}_{i\gamma\gamma'}(\mathbf{k})=\int \mathbf{dr}\phi^{*}_{i\gamma}(\mathbf{r})(-i\hbar\nabla^{\alpha})\phi_{i\gamma'}(\mathbf{r})e^{i\mathbf{k}\cdot\mathbf{r}}=\langle i\gamma|(-i\hbar)\nabla^{\alpha}e^{i\mathbf{k}\cdot\mathbf{r}}|i\gamma'\rangle \tag{6.15}$$

である．共鳴 X 線散乱では特定の元素の X 線吸収端に入射 X 線のエネルギーを合わせることで，その元素における内殻軌道から非占有軌道に電子が励起される．このため内殻の波動関数が十分局在していることを考慮して同一サイトからの寄与のみを考慮した．同様にして

$$\mathcal{H}_{PA2}=\frac{e^2\hbar}{2mV}\sum_{\mathbf{k}\mathbf{k}'\lambda\lambda'}\frac{1}{\sqrt{\omega_{\mathbf{k}}\omega_{\mathbf{k}'}}}e^{-i(\omega_{\mathbf{k}}-\omega_{\mathbf{k}'})t}\mathbf{e}_{\mathbf{k}\lambda}\cdot\mathbf{e}_{\mathbf{k}'\lambda'}\times\sum_{i\gamma\gamma' s}f_{i\gamma\gamma'}(\mathbf{k}-\mathbf{k}')\sum_{\sigma}c^{\dagger}_{i\gamma s}c_{i\gamma' s}a^{\dagger}_{\mathbf{k}'\lambda'}a_{\mathbf{k}\lambda} \tag{6.16}$$

が得られる．ここで

$$f_{i\gamma\gamma'}(\mathbf{k})=\int d\mathbf{r}\phi_{i\gamma}(\mathbf{r})^{*}\phi_{i\gamma'}(\mathbf{r})e^{i\mathbf{k}\cdot\mathbf{r}}=\langle i\gamma|e^{i\mathbf{k}\cdot\mathbf{r}}|i\gamma'\rangle \tag{6.17}$$

は原子散乱因子である．また Zeeman 項ならびにスピン軌道相互作用項はそれぞれ

$$\mathcal{H}_{Z}=-\frac{e\hbar}{2m}\sum_{\mathbf{k}\lambda}\sum_{\alpha}\sqrt{\frac{\hbar}{2V\omega_{\mathbf{k}}}}i\left(\mathbf{k}\times\mathbf{e}_{\mathbf{k}\lambda}\right)^{\alpha}\sum_{i\gamma\gamma'}\sum_{ss'}c^{\dagger}_{i\gamma s}\sigma^{\alpha}_{ss'}c_{i\gamma' s'}\times\left(f_{i\gamma\gamma'}(\mathbf{k})a_{\mathbf{k}\lambda}e^{-i\omega_{\mathbf{k}}t}-f_{i\gamma\gamma'}(-\mathbf{k})a^{\dagger}_{\mathbf{k}\lambda}e^{i\omega_{\mathbf{k}}t}\right) \tag{6.18}$$

$$\mathcal{H}_{LS} = \frac{e^2\hbar}{2(cm^2)^2}\frac{\hbar c^2}{2V}\sum_{\mathbf{k}\mathbf{k}'\lambda\lambda'}\sqrt{\frac{1}{\omega_{\mathbf{k}}\omega_{\mathbf{k}'}}}\sum_{\alpha}(-i)(\mathbf{e}_{\mathbf{k}\lambda}\times\mathbf{e}_{\mathbf{k}'\lambda'})^{\alpha}e^{-i(\omega_{\mathbf{k}}-\omega_{\mathbf{k}'})t}$$
$$\times\sum_{i\gamma\gamma'}\sum_{ss'}f_{i\gamma\gamma'}(\mathbf{k}-\mathbf{k}')\frac{\hbar}{2}c^{\dagger}_{i\gamma s}\sigma^{\alpha}_{ss'}c_{i\gamma' s'}(\omega_{\mathbf{k}}+\omega_{\mathbf{k}'})a^{\dagger}_{\mathbf{k}'\lambda'}a_{\mathbf{k}\lambda} \tag{6.19}$$

となる．最終的に A の 1 次の項と 2 次の項はそれぞれ，$\mathcal{H}_1 = \mathcal{H}_{PA1} + \mathcal{H}_Z$ ならびに $\mathcal{H}_2 = \mathcal{H}_{PA2} + \mathcal{H}_{LS}$ とまとめられる．

6.3 X 線の散乱断面積

前節で導入したハミルトニアンにおいて，A の 1 次に関する現象は X 線の吸収と発光に相当する．A の 2 次に関する現象は $\mathcal{H}_1$ の 2 次摂動ならびに $\mathcal{H}_2$ の 1 次摂動に分類され，2 光子吸収，2 光子発光ならびに散乱に分類される．ここでは散乱に着目してその散乱断面積を求める．図 6.3 に示すように，入射 X 線ならびに散乱 X 線の波数，周波数，偏光をそれぞれ $(\mathbf{k}_i, \omega_i, \lambda_i)$，$(\mathbf{k}_f, \omega_f, \lambda_f)$ とし，この過程により電子系はエネルギー ε_i の状態 $|i\rangle$ から ε_f の $|f\rangle$ に遷移するものとする．また 2 次摂動の場合はその中間状態を $|m\rangle$ ならびにそのエネルギーを ε_m とする．

ここで量子力学における散乱の一般論について簡単に復習しておこう [143]．系のハミルトニアンが独立な電子系と電磁場に関する部分 $\mathcal{H}_0$ と両者の相互作用 $\mathcal{H}'$ $(= \mathcal{H}_1 + \mathcal{H}_2)$ の和として $\mathcal{H} = \mathcal{H}_0 + \mathcal{H}'$ で与えられるとし，$\mathcal{H}'$ の摂動による電磁場の散乱を考える．ここで $\mathcal{H}_0$ で記述される独立な電子系と電磁場の固有状態 $|\Psi_n\rangle$ ならびにその固有エネルギー E_n は，$\mathcal{H}_0|\Phi_n\rangle = E_n|\Phi_n\rangle$ の解と

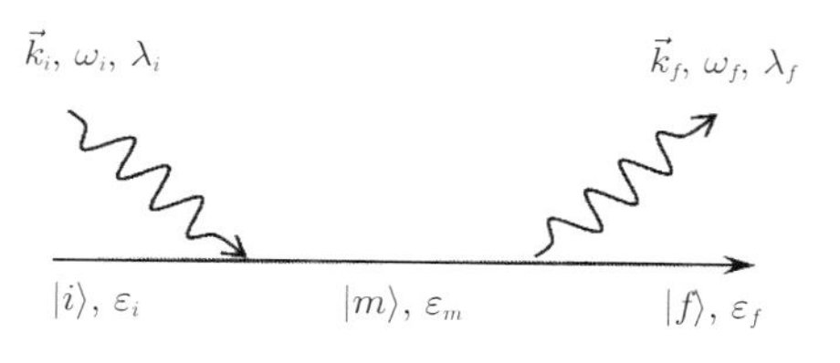

図 6.3 共鳴 X 線散乱の散乱過程．

して既知であるとする．散乱が生じる十分前 $(t=-\infty)$ では，電子系と電磁場との相互作用のないハミルトニアン $\mathcal{H}_0$ で記述できるものとして波動関数とエネルギーをそれぞれ $|\Phi_i\rangle$, E_i とする．時間の経過とともに相互作用 $\mathcal{H}'$ が断熱的に系に取り入れられることで散乱が生じ，散乱の十分あと $(t=+\infty)$ では再び系は $\mathcal{H}_0$ で記述されるとする．これを扱うには相互作用項に $e^{-\eta|t|/\hbar}$ の断熱因子を付け加えておき，計算の最後に $\eta\to 0$ をとればよい．初期状態 $|\Phi_i\rangle$ は $t=-\infty$ から時間の経過とともに相互作用により $\mathcal{H}_0$ の様々な固有状態の重ね合わせとなり，任意の時刻 t での状態を $|\Psi(t)\rangle$ と表す．$t=+\infty$ での波動関数 $|\Psi(t=+\infty)\rangle$ において，$\mathcal{H}_0$ の固有状態 $|\Phi_f\rangle$ の割合を見出す確率が，状態 i から f への遷移確率である．現実の散乱実験では，散乱X線のエネルギー，運動量，偏光などを分光し，エネルギー保存則，運動量保存則，遷移の選択則等を用いることで散乱状態を固有状態に分解できる．

散乱理論において遷移確率はS行列で定式化され，X線の微分散乱断面積は

$$\frac{d^2\sigma}{d\Omega dE_f}=\frac{V^2\omega_f^2}{(2\pi)^4\hbar^2c^4}\delta(E_f-E_i)|S_{fi}|^2 \tag{6.20}$$

で表される．ここでS行列は

$$S_{fi}=\langle\Phi_f|\Psi(+\infty)\rangle \tag{6.21}$$

で定義され，$|\Psi(+\infty)\rangle$ $(=\sum_j S_{ji}|\Phi_i\rangle)$ は時間発展演算子 $U(+\infty,-\infty)$ を用いて $|\Psi(+\infty)\rangle=U(+\infty,-\infty)|\Phi_i\rangle$ で与えられる．$U(t,-\infty)$ は一般に

$$U(t,-\infty)=1-\frac{i}{\hbar}\int_{-\infty}^{t}dt'e^{-\eta|t'|/\hbar}\mathcal{H}'(t')U(t',-\infty) \tag{6.22}$$

の方程式を満たし，$\mathcal{H}'(t)$ は $\mathcal{H}'$ の相互作用表示である．これらを式 (6.21) に代入し，相互作用表示を Heisenberg 表示に書き換えると

$$\begin{aligned}S_{fi}&=\delta_{fi}-\frac{i}{\hbar}\int_{-\infty}^{+\infty}dt'e^{-\eta|t'|/\hbar}e^{i(E_f-E_i)t'/\hbar}\langle\Phi_f|\mathcal{H}'|\Psi_i\rangle\\&=\delta_{fi}-2\pi i\delta(E_f-E_i)\langle\Phi_f|\mathcal{H}'|\Psi_i\rangle\end{aligned} \tag{6.23}$$

となる．ここで $|\Psi_i\rangle=|\Psi(0)\rangle=U(0,-\infty)|\Phi_i\rangle$ を導入した．定義から

$$|\Psi_i\rangle = |\Phi_i\rangle + \frac{i}{\hbar}\int_0^{-\infty} dt' e^{-\eta|t'|/\hbar} U(0,t')\mathcal{H}'(t')|\Phi_i\rangle$$
$$= |\Phi_i\rangle + \frac{1}{E_i - \mathcal{H} + i\eta}\mathcal{H}'|\Phi_i\rangle \tag{6.24}$$

が得られるが，これは Lippmann-Schwinger 方程式の形式解である．

式 (6.23) の右辺第 2 項に式 (6.24) を代入することで X 線散乱を考える．式 (6.24) の第 1 項に対しては $\mathcal{H}'$ として $\mathcal{H}_2$ を，第 2 項に対しては $\mathcal{H}'$ として $\mathcal{H}_1$ を用いる．これらをまとめると微分散乱断面積は以下のように表すことができる．

$$\frac{d^2\sigma}{d\Omega dE_f} = \frac{\sigma_T}{(4\pi)^2}\frac{\omega_f}{\omega_i}\sum_f \left| e^{\alpha}_{\lambda_i}\left(\widetilde{S}_1^{\alpha\beta} + \widetilde{S}_2^{\alpha\beta}\right) e^{\beta}_{\lambda_f}\right|^2$$
$$\times\, \delta(\varepsilon_f - \varepsilon_i + \hbar\omega_f - \hbar\omega_i) \tag{6.25}$$

ここで $\sigma_T = [e^2/(cm^2)]^2$ は 1 個の自由な電子と X 線との散乱，いわゆる Thomson 散乱の散乱断面積である．右辺のそれぞれの項は

$$\widetilde{S}_1^{\alpha\beta} = \delta_{\alpha\beta}\langle i|\rho_{\mathbf{k}_i - \mathbf{k}_f}|f\rangle + (-i)\frac{\hbar(\omega_i + \omega_f)}{2mc^2}\varepsilon_{\alpha\beta\gamma}\langle i|S^{\gamma}_{\mathbf{k}_i - \mathbf{k}_f}|f\rangle \tag{6.26}$$

ならびに

$$\widetilde{S}_2^{\alpha\beta} = -\frac{1}{m}\sum_m\left[\frac{\langle f|O^{\alpha}_{\mathbf{k}_i}|m\rangle\langle m|O^{\beta\dagger}_{\mathbf{k}_f}|i\rangle}{\varepsilon_m - \varepsilon_i + \hbar\omega_f + i\eta} + \frac{\langle f|O^{\beta\dagger}_{\mathbf{k}_f}|m\rangle\langle m|O^{\alpha}_{\mathbf{k}_i}|i\rangle}{\varepsilon_m - \varepsilon_i - \hbar\omega_i + i\eta}\right] \tag{6.27}$$

で定義される．ここで

$$\rho_{\mathbf{k}} = \sum_{i\gamma\gamma'} e^{i\mathbf{k}\cdot\mathbf{R}_i} f_{i\gamma\gamma'}(\mathbf{k})\sum_s c^{\dagger}_{i\gamma s}c_{i\gamma' s} \tag{6.28}$$

$$\mathbf{S}_{\mathbf{k}} = \sum_{i\gamma\gamma'} e^{i\mathbf{k}\cdot\mathbf{R}_i} f_{i\gamma\gamma'}(\mathbf{k})\sum_{ss'}\frac{\hbar}{2}c^{\dagger}_{i\gamma s}\sigma_{ss'}c_{i\gamma' s'} \tag{6.29}$$

$$O^{\alpha}_{\mathbf{k}} = \sum_{i\gamma\gamma'} e^{i\mathbf{k}\cdot\mathbf{R}_i}\left[p^{\alpha}_{i\gamma\gamma'}(\mathbf{k})\sum_s c^{\dagger}_{i\gamma s}c_{i\gamma' s'} + \sum_{\beta\delta} ik^{\beta}\varepsilon^{\alpha\beta\delta} f_{i\gamma\gamma'}(\mathbf{k})\sum_{ss'}\frac{\hbar}{2}c^{\dagger}_{i\gamma s}\sigma^{\delta}_{ss'}c_{i\gamma' s'}\right] \tag{6.30}$$

はそれぞれ電荷密度，スピン密度，電流密度に相当している．$f_{i\gamma\gamma'}(\mathbf{k})$ ならびに $p^{\alpha}_{i\gamma\gamma'}(\mathbf{k})$ はそれぞれ，式 (6.17) と式 (6.15) で与えられている．上記の散乱断面積の表式は Kramers-Heisenberg の表式とよばれる．

ここで電子の運動量と電場との相互作用である式 (6.15) に焦点を当てよう．共鳴 X 線散乱では特定の元素の X 線吸収端付近に入射 X 線のエネルギーを選択することで，その元素における内殻軌道から非占有軌道に電子が励起される．式 (6.15) の被積分関数における $\phi_{i\gamma}(\mathbf{r})$ の 1 つは注目する遷移金属原子の $1s$ 軌道や $2p$ 軌道などの内殻軌道の波動関数であり，この大きさは Mn$1s$ 軌道で 0.05 Å 以下，Mn$2p$ 軌道で 0.1 Å 以下である．他方，X 線の波長は MnKα 端でおよそ 2.1 Å，MnLα 端でおよそ 19.4 Å であり，被積分関数における指数関数を $e^{i\mathbf{k}\cdot\mathbf{r}} \sim 1 + i\mathbf{k}\cdot\mathbf{r} + \cdots$ のように展開することがよい近似となる．ここで第 1 項は電気双極子遷移を表す．展開の第 2 項に次の恒等式

$$r_\alpha \nabla_\beta = \frac{1}{2}\left(r_\alpha \nabla_\beta + \nabla_\alpha r_\beta\right) + \frac{1}{2}\left(r_\alpha \nabla_\beta - \nabla_\alpha r_\beta\right) \tag{6.31}$$

$$\equiv \frac{1}{2}\left(\frac{1}{\hbar}T^{\alpha\beta} + \frac{i}{\hbar}\epsilon^{\alpha\beta\gamma}L^{\gamma}\right) \tag{6.32}$$

を用いると, 右辺第 1 項の対称ダイアディックとよばれる電気四極子遷移を記述する項と，第 2 項の軌道角運動量に分離できる．これらを用いることで式 (6.30) は

$$O^{\alpha}_{\mathbf{k}} = \sum_i e^{i\mathbf{k}\cdot\mathbf{R}_i}\left[\hat{p}^{\alpha}_i + \sum_\beta \frac{1}{2}k^\beta \hat{T}^{\alpha\beta}_i + \sum_{\beta\delta} i\varepsilon_{\alpha\beta\delta}k^\beta \frac{1}{2}\left(\hat{L}^{\delta}_i + 2\hat{S}^{\delta}_i\right)\right] \tag{6.33}$$

のようにまとめることができる．ここで

$$\hat{p}^{\alpha}_i = (-i\hbar)\sum_{\gamma\gamma'}\left[\int d\mathbf{r}\phi_{i\gamma}(\mathbf{r})^* \nabla^\alpha \phi_{i\gamma'}(\mathbf{r})\right]\sum_s c^\dagger_{i\gamma s}c_{i\gamma' s} \tag{6.34}$$

$$\hat{T}^{\alpha\beta}_i = \sum_{\gamma\gamma'}\left[\int d\mathbf{r}\phi_{i\gamma}(\mathbf{r})^* T^{\alpha\beta} \phi_{i\gamma'}(\mathbf{r})\right]\sum_s c^\dagger_{i\gamma s}c_{i\gamma' s} \tag{6.35}$$

$$\hat{L}^{\gamma}_i = \sum_{\gamma\gamma'}\left[\int d\mathbf{r}\phi_{i\gamma}(\mathbf{r})^* L^{\gamma} \phi_{i\gamma'}(\mathbf{r})\right]\sum_s c^\dagger_{i\gamma s}c_{i\gamma' s} \tag{6.36}$$

$$\hat{S}^{\gamma}_i = \sum_{\gamma\gamma'}\left[\int d\mathbf{r}\phi_{i\gamma}(\mathbf{r})^* \phi_{i\gamma'}(\mathbf{r})\right]\frac{\hbar}{2}\sum_{ss'} c^\dagger_{i\gamma s}\sigma^{\gamma}_{ss'}c_{i\gamma' s'} \tag{6.37}$$

はそれぞれ，電気双極子，電気四極子，軌道角運動量，スピン角運動量の演算子である．

まず式 (6.25) ならびに式 (6.26)，(6.27) において，X 線のエネルギー $\hbar\omega_i$, $\hbar\omega_f$ が注目する元素の X 線吸収端のエネルギー $\varepsilon_m - \varepsilon_i$ より十分大きい場合（非共鳴散乱）を考える．$\widetilde{S}_1$ の第 1 項は 6.1 節で紹介した通常の X 線散乱（電荷散乱）に相当し，$\mathbf{e}_i \cdot \mathbf{e}_f$ の因子から偏光依存性は示さないことがわかる．また $\widetilde{S}_1$ の第 2 項で $\hbar\omega_i >> \varepsilon_m - \varepsilon_i$ としたものと $\widetilde{S}_2$ は磁気散乱を与える．非共鳴散乱における電荷散乱と磁気散乱の比は $\hbar\omega_i/(mc^2) \sim 10^{-2}$ 程度（X 線のエネルギーがおよそ 10 KeV の場合）である．

他方，X 線のエネルギー ω_i が X 線吸収端のエネルギー近傍に設定され，$\hbar\omega_i \sim \hbar\omega_f \sim \varepsilon_m - \varepsilon_i$ が満たされる場合は，$\widetilde{S}_2$ の第 2 項の分母がゼロに近くなるためにこれが主要な寄与をする．これは共鳴散乱であり，共鳴条件による散乱強度の増大は共鳴増大とよばれる．共鳴条件が成り立つ場合は $\widetilde{S}_2$ の第 2 項の分母において単純に $\eta \to 0$ とすることができない．実際には自発的な発光，電子と光との相互作用の高次の過程，電子系の非摂動ハミルトニアン $\mathcal{H}_0$ には含まれていない効果に由来する自己エネルギーの寄与が存在することにより，散乱の中間状態 $|m\rangle$ のエネルギーは $\varepsilon_m \to \varepsilon_m - i\Gamma/2$ で置き換えられる．ここで，第 1 項では自己エネルギーの実部を取り入れたエネルギーを改めて ε_m と記載しており，第 2 項の $i\Gamma/2$ は虚部に起因した準位の寿命であり内殻正孔寿命 (Core-hole Life Time) とよばれ，その値は 1〜10 eV のオーダーである．共鳴散乱を担う式 (6.33) の $O^\alpha_{\mathbf{k}}$ において，その第 1 項から第 3 項はそれぞれ電気双極子遷移 (E1 遷移)，電気四極子遷移 (E2 遷移)，磁気双極子遷移 (M1 遷移) を記述する．S 行列には $O^\alpha_{\mathbf{k}}$ が 2 個含まれていることから，(E1-E1) 過程，(E2-E2) 過程などに加えて，結晶の対称性に応じて (E1-M1) 過程，(E1-E2) 過程などが可能となる．以下では最も簡単な例として式 (6.27) において E1 遷移のみを考える．この場合は中間状態 $|m\rangle$ の空間対称性を X 線の偏光 e^α_i ならびに e^β_f により，直接的に選択することができる．図 6.4 に示したように，電子軌道の情報は $|m\rangle$ の空間対称性に反映することから，散乱強度の偏光依存性を調べることで軌道状態を観測することができる．

最後に (E1-E1) 過程において磁気散乱について簡単に触れておく．共鳴散乱

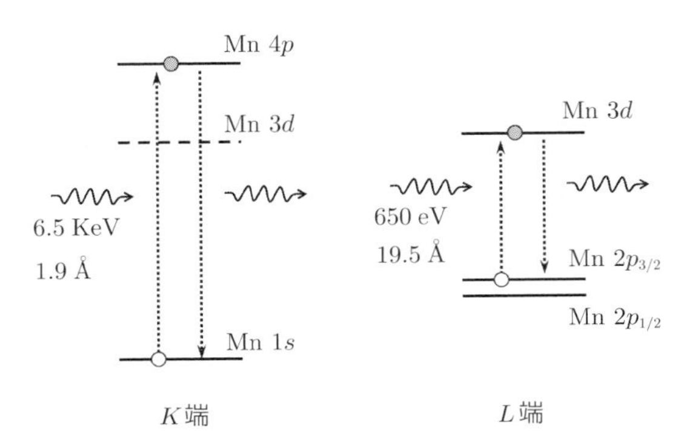

図 6.4　共鳴 X 線散乱の K 端と L 端における散乱過程.

を担う式 (6.33) の $O_{\mathbf{k}}^{\alpha}$ の第 2 項には軌道角運動量とスピン角運動量が現れているが，共鳴条件ではこの M1 項は E1 項に比べて十分小さく無視できることが知られている.（E1-E1）過程のみを考えると式 (6.27) の S 行列は以下のように書ける.

$$\tilde{S}_2^{\alpha\beta} = S_{(0)}\delta_{\alpha\beta} + S_{(+)}^{\alpha\beta} + S_{(-)}^{\alpha\beta} \tag{6.38}$$

ここで対角和 $S_{(0)} = \frac{1}{3}\mathrm{tr}\tilde{S}_2$，対称成分 $S_{(+)}^{\alpha\beta} = \frac{1}{2}(\tilde{S}_2^{\alpha\beta} + \tilde{S}_2^{\beta\alpha}) - \frac{1}{3}\delta_{\alpha\beta}\mathrm{tr}\tilde{S}_2$，非対称成分 $S_{(-)}^{\alpha\beta} = \frac{1}{2}(\tilde{S}_2^{\alpha\beta} - \tilde{S}_2^{\beta\alpha})$ に分離した．磁性イオンが磁気モーメントを有し，その方向の単位ベクトルを $\mathbf{m}$ とすると，一般的に $S_{(1)}$ と $S_{(2)}$ を定数として $S_{(+)}^{\alpha\beta} = S_{(2)}(m^\alpha m^\beta - \delta_{\alpha\beta}/3)$ ならびに $S_{(-)}^{\alpha\beta} = iS_{(1)}\varepsilon_{\alpha\beta\gamma}m^\gamma$ と表される．これを用いると偏光ベクトル $\mathbf{e}_{\lambda_i}$ と $\mathbf{e}_{\lambda_f}$ まで含めた S 行列は

$$\begin{aligned}\mathbf{e}_{\lambda_i}\tilde{S}_2\mathbf{e}_{\lambda_f} &= \mathbf{e}_{\lambda_i}\cdot\mathbf{e}_{\lambda_f}S_{(0)} + i\left(\mathbf{e}_{\lambda_i}\times\mathbf{e}_{\lambda_f}\right)\cdot\mathbf{m}S_{(1)} \\ &\quad + \left[\left(\mathbf{e}_{\lambda_i}\cdot\mathbf{m}\right)\left(\mathbf{e}_{\lambda_f}\cdot\mathbf{m}\right) - \frac{1}{3}\mathbf{m}^2\mathbf{e}_{\lambda_i}\cdot\mathbf{e}_{\lambda_f}\right]S_{(2)}\end{aligned} \tag{6.39}$$

となる．上式の第 2 項は m に比例し入射光と散乱項で偏光ベクトルの向きが変化する過程を表し，強磁性体の磁気散乱や磁気円二色性をもたらす．第 3 項は m の 2 次に比例し，m の 1 次が消失する反強磁性体の散乱や磁気線二色性をもたらす.

6.4 共鳴 X 線散乱による軌道秩序の観測

入射 X 線のエネルギーを特定の元素の吸収端に選択することで測定される X 線回折は異常 X 線散乱として 1930 年代から知られており，非結晶体，極性結晶において用いられた [144]．特に前節で説明したように X 線の偏光特性を利用することで，散乱の中間状態における電子状態の空間対称性の情報を得ることができる．X 線吸収における偏光依存性（線形二色性）は固体中の電子非占有状態の空間対称性や周囲の原子の幾何学的配置に強く依存するが，これが X 線散乱の偏光依存性と関係することを指摘したのは Templeton 等である [145–147]．そこでは $VO^{2+}2(C_5H_7O_2)^{-1}$ における V 元素の K 端，ならびに $RbUO_2(NO_3)_3$ における U 元素の L 端において測定された吸収端の吸収係数から，散乱因子の実部 f' と虚部 f'' のテンソル成分の評価がなされた．理論的には，局所的な感受率テンソルとして X 線回折における役割が Dmitrienko [148] により調べられルチル構造の TiO_2 に適用された．これらの現象は X 線の ATS (Anisotropy of the Tensor of Susceptibility) 反射とよばれている．共鳴 X 線散乱を用いて相関電子系の軌道秩序を初めて観測したのは Murakami 等による $LaSrMnO_4$ ならびに $LaMnO_3$ における実験である [149, 150]．ほぼこれと同時期に Paolasini 等により V_2O_3 において測定がなされた [151]．ここでは簡単な系として $LaMnO_3$ を取り上げて詳しい解説をする．

$LaMnO_3$ ではおよそ $T = 780\,\mathrm{K}$ で構造相転移が生じ，Mn-O ボンド長の測定により図 5.1 や図 6.5 に示すような軌道秩序が生じていることが予想されていた．一般に軌道秩序により新たに生じる超格子を軌道超格子とよぶ．$LaMnO_3$ の軌道超格子に対応する回折指数として $(l00)$ (l は奇数) に注目し，式 (6.26) の第 1 項による X 線回折を考える（ここで指数は軌道秩序の単位格子に対して定義するものとする）．このとき i 番目の原子における原子散乱因子において注目する軌道からの寄与は

$$F_i(\mathbf{K}) = \sum_{\gamma\gamma'} f_{i\gamma\gamma'}(\mathbf{K}) \sum_s \langle i|c^\dagger_{i\gamma s} c_{i\gamma' s}|f\rangle \tag{6.40}$$

で与えられる．ここで i サイトの軌道を γ_i とした．図 6.5 に示した軌道秩序に

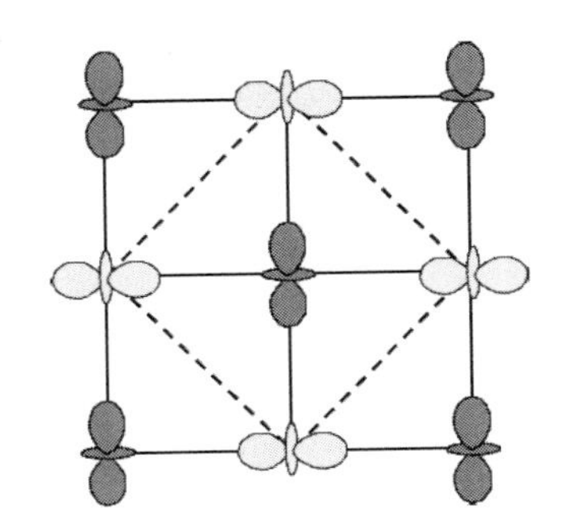

図 6.5　$LaMnO_3$ の ab 面内における軌道秩序．点線は軌道秩序の単位格子．

ける2種類の軌道をAならびにBとし，それぞれの原子における散乱因子を $F_{\mathrm{A}}(\mathbf{k})$, $F_{\mathrm{B}}(\mathbf{k})$ とすると，このX線回折における構造因子は

$$\begin{aligned} F(\mathbf{K}) &= F_{\mathrm{A}}(\mathbf{K}) - F_{\mathrm{B}}(\mathbf{K}) \\ &= \int d\mathbf{r}\left[|\phi_{\mathrm{A}}(\mathbf{r})|^2 - |\phi_{\mathrm{B}}(\mathbf{r})|^2\right] e^{i\mathbf{K}\cdot\mathbf{r}} \end{aligned} \tag{6.41}$$

と表せる．ここで $|\phi_{\gamma_{\mathrm{A(B)}}}(\mathbf{r})|^2$ はそれぞれの副格子における軌道A (B) の電荷分布である．(l00) における波数は x 成分と y 成分で等価なこと，ならびに $|\phi_{\gamma_{\mathrm{A}}}(x,y,z)|^2 = |\phi_{\gamma_{\mathrm{B}}}(y,x,z)|^2$ が成立することから $F(\mathbf{K}) = 0$ となり，これはいわゆる禁制反射に相当する．他の適切な波数においては $F(\mathbf{K})$ が有限となりうるが，6.1節で説明したように，その回折強度は $(|\phi_{\mathrm{A}}(\mathbf{r})|^2 - |\phi_{\mathrm{B}}(\mathbf{r})|^2)^2$ に比例し，これは電子1個分より小さいため観測は容易ではない．

一方，共鳴散乱においては式 (6.27) に式 (6.33) の第1項のみを代入した

$$\Delta F_i^{\alpha\beta}(\mathbf{K}) = -\frac{1}{m}\sum_m \left[\frac{\langle f|\hat{p}_i^{\alpha}|m\rangle\langle m|\hat{p}_i^{\beta}|i\rangle}{\varepsilon_m - \varepsilon_i + \hbar\omega_f + i\eta} + \frac{\langle f|\hat{p}_i^{\beta}|m\rangle\langle m|\hat{p}_i^{\alpha}|i\rangle}{\varepsilon_m - \varepsilon_i - \hbar\omega_i + i\Gamma/2}\right] \tag{6.42}$$

が i 番目の原子に関する原子散乱因子に相当し，

$$\Delta F^{\alpha\beta}(\mathbf{K}) = \sum_i \Delta F_i^{\alpha\beta}(\mathbf{K}) e^{i\mathbf{K}\cdot\mathbf{R_i}} \tag{6.43}$$

が構造因子となる．これにより，指数 (l00) における構造因子は

$$\Delta F^{\alpha\beta}(\mathbf{K}) = \Delta F_{\mathrm{A}}^{\alpha\beta}(\mathbf{K}) - \Delta F_{\mathrm{B}}^{\alpha\beta}(\mathbf{K}) \tag{6.44}$$

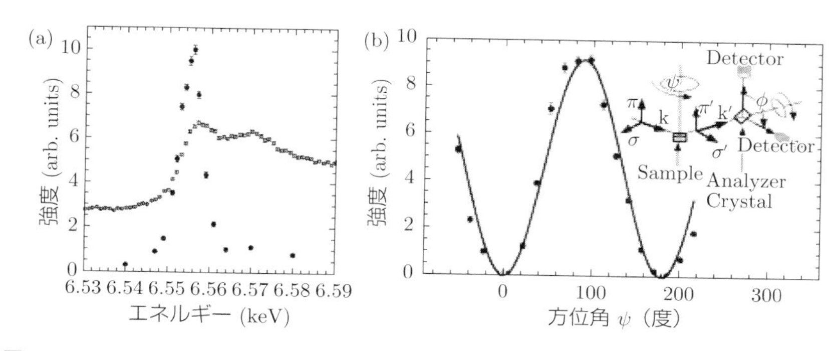

図 **6.6** $LaMnO_3$ における共鳴 X 線散乱の (a) 散乱強度と (b) 方位角依存性．(a) の白丸は X 線吸収スペクトル．(b) の挿入図は測定配置の模式図（文献 [150]; Y. Murakami, J. P. Hill *et al.*, 1998 より）．

と表せる．ここで Mn-O ボンド方向をテンソルの主軸とすると，対称性からこれは

$$\Delta F^{xx}(\mathbf{K}) = -\Delta F^{yy}(\mathbf{K}) \equiv \Delta f(\mathbf{K}) \tag{6.45}$$

のみが有限の値をもち，他の成分はゼロとなる．もし 2 つの副格子で同一の軌道が占有されているとこれはゼロとなるから，偏光依存性を利用することで軌道秩序を反映したテンソル成分の差を観測できる．図 6.6 に指数 (100) における X 線回折強度の入射 X 線のエネルギー依存性を示す．図には同時に MnK 端近傍の X 線吸収スペクトル強度を示している．6.555 keV 近傍で回折強度が共鳴的に増大していることが示されている．

散乱強度の偏光依存性を測定することで，この散乱が原子散乱因子のテンソル成分に由来していることを確かめることができる．この実験における入射 X 線の偏光は散乱面に垂直な σ 偏光であり，散乱因子のテンソル成分により散乱 X 線は σ 偏光と π 偏光の両成分が生じる．試料全体を散乱ベクトル周りに回転させて散乱強度を測定する手法は，方位角依存性の測定とよばれる．その概念図を図 6.6(b) に示した．この測定配置における X 線の散乱強度は

$$I(\Psi) = \sum_{\lambda} \left| \sum_{\lambda_f} M_{\lambda\lambda_f} A_{\lambda_f \lambda_i}(\Psi) \right|^2 \tag{6.46}$$

で与えられる．ここで Ψ は試料の回転角（方位角），λ は σ 偏光もしくは π 偏光の2成分をとる指標である．M は検出器の散乱行列である．実験における典型的な配置を想定すると，散乱強度は

$$I(\Psi) = \sigma_T \Delta f(\mathbf{K}) \sin^2 \Psi \tag{6.47}$$

となり，試料回転角 Ψ に関して散乱強度に特徴的な振動が現れる．図6.6(b) に実験データと上記の曲線が示されており，この散乱が (E1-E1) 過程における散乱因子の異方的な行列要素に起因していることの確証となっている．

ここで式 (6.34) と式 (6.42) をもとに，共鳴散乱と軌道秩序との関係を微視的に考察する．この実験では入射X線のエネルギーは Mn^{3+} の K 端近傍に選択されているため，式 (6.34) は $1s$ 軌道と $4p$ 軌道の波動関数を用いて

$$\hat{p}_i^\alpha = (-i\hbar) \left[\int d\mathbf{r} \phi_{i4p_\alpha}(\mathbf{r})^* \nabla^\alpha \phi_{i1s}(\mathbf{r}) \right] \sum_s c_{i4p_\alpha s}^\dagger c_{i1ss} + h.c. \tag{6.48}$$

と表される．X線の偏光を選択することで散乱の中間状態において占有される $4p$ 軌道を選択することができ，散乱強度に $4p$ 軌道の異方性が反映する．$LaMnO_3$ の軌道秩序は主に $Mn3d$ 軌道とこれと強く混成する $O2p$ 軌道が担っている．これが非占有 $4p$ 軌道の異方性に反映するためには両者の間の相互作用が必要であり，電子間 Coulomb 相互作用や Jahn-Teller 歪みを介した相互作用が考えられている [152–157].

$LaSrMnO_4$ ならびに $LaMnO_3$ において軌道秩序の観測に成功した共鳴X線散乱法は，その後，数多くの軌道自由度のある物質に適用されるとともに様々な測定・解析手法が開発され，現在では物性研究に欠くことのできない実験手法として確立した．最近の詳しい展開については総合報告としてまとめられた文献 [11] を参考にしてほしい．ここでは主な進展を以下に列挙するにとどめておく．

(1) 電荷秩序の観測．相関電子系では電荷の異なるイオンが結晶中を規則的に配列する電荷秩序がしばしば出現する．電荷が異なるイオンでは式 (6.27) の $O_{\mathbf{k}}^\alpha$ や ε_m が異なる．このため電荷秩序の配列周期に相当する波数 $\mathbf{K}$ において電荷秩序に由来する超格子反射が現れ，これを共鳴条件下で増大し

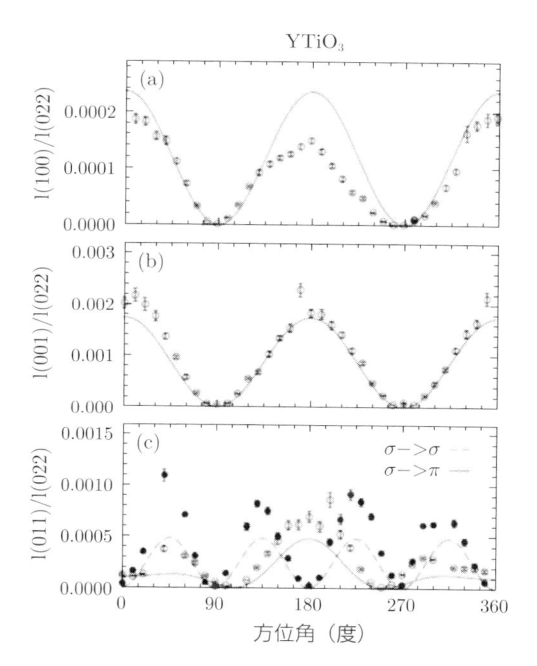

図 **6.7** $YTiO_3$ の様々な回折点における共鳴 X 線散乱の方位角依存性（文献 [158]; H. Nakao, Y. Wakabayashi *et al.*, 2002 より）．実線ならびに点線は式 (6.49) において $(a,b,c)=(-1/\sqrt{2},0,1/\sqrt{2})$ としたときの計算結果．

て観測することができる．

(2) 軌道秩序における波動関数の定量的な評価．軌道秩序に由来する複数の超格子反射点においてその強度を観測し，これを理論解析と比較することで軌道波動関数の定量的な評価が可能となる．その一例として $YTiO_3$ における共鳴 X 線散乱の方位角依存性を利用した定量的評価について簡単に紹介する [84,158]．この物質では図 6.7 に示したように複数の回折点において異なる方位角依存性が観測されている．この物質の単位格子には 4 個の Ti イオンが含まれており，結晶の対称操作による変換で波動関数は互いに変換される．ある Ti サイトにおける波動関数を t_{2g} 軌道波動関数の重ね合わせとして

$$\psi(\mathbf{r})=a\psi_{yz}(\mathbf{r})+b\psi_{zx}(\mathbf{r})+c\psi_{xy}(\mathbf{r}) \tag{6.49}$$

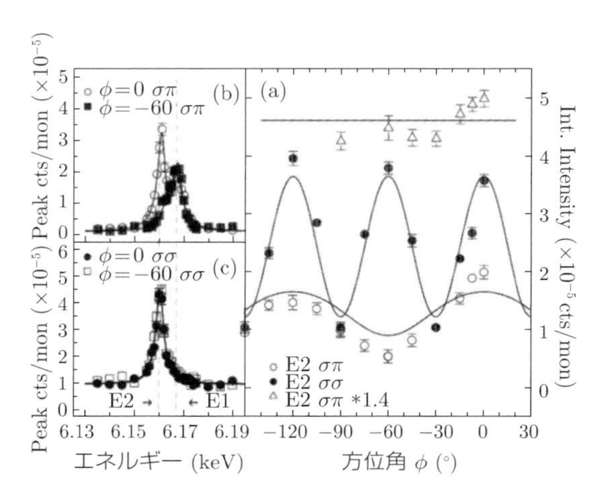

図 6.8　$Ce_{0.7}La_{0.3}B_6$ における共鳴 X 線散乱の (a) 方位角依存性と (b), (c) 入射光エネルギー依存性（文献 [159]; D. Mannix, Y. Tanaka *et al.*, 2005 より）.

と表す．上記の波動関数における定数を $(a,b,c) = (-1/\sqrt{2}, 0, 1/\sqrt{2})$ と選ぶことで複数の組の実験データを同時にフィットできる．ここで得られた波動関数の定量的な結果は，6.1 節で紹介した偏極中性子回折や理論計算とよい一致が見られている．

(3) 試料表面や人工超格子界面における軌道状態の観測．試料の表面や界面ではバルク領域とは異なる軌道状態が実現し，これは触媒や界面伝導などの物理量に重要な役割を果たす．表面，界面を観測する X 線回折法と共鳴散乱法を組み合わせることで，限定された空間における軌道状態の観測がなされている．

(4) 高次の多極子秩序の観測．特に $Ce_{0.7}La_{0.3}B_6$ や NpO_2 における八極子秩序や CeB_6 における磁場誘起四極子秩序，八極子秩序の測定がなされている [159–161]．$Ce_{0.7}La_{0.3}B_6$ における共鳴散乱強度のエネルギー依存性と方位角依存性を図 6.8 に示す．実験データと反強的な八極子秩序を仮定した理論計算の結果とよい一致が見られている．磁場誘起八極子秩序の観測には式 (6.33) で導入した E1 遷移と E2 遷移との干渉項に由来する散乱と方位角依存性の観測がなされている．

(5) 軟 X 線共鳴散乱の発展．鉄族元素の K 端を利用した共鳴散乱と異なり

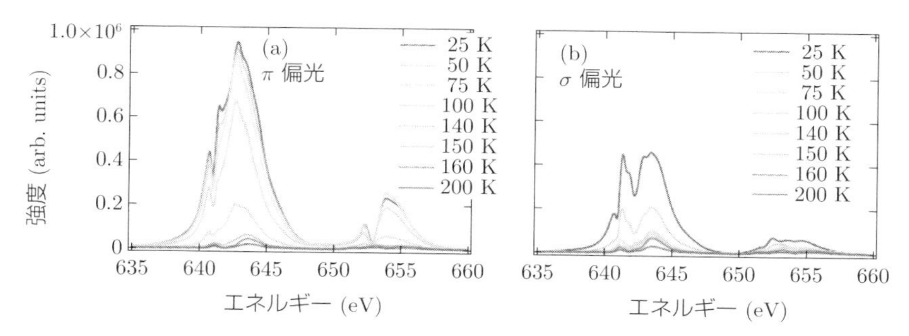

図 6.9　$Pr_{1-x}Ca_xMnO_3$ の軌道超格子点における軟 X 線共鳴散乱のエネルギー依存性（文献 [163]; H. Wadati, J. Geck *et al.*, 2014 より）.

L 端を利用した共鳴散乱では，中間状態で内殻の $2p$ 軌道から $3d$ 軌道への励起が生じるため，散乱過程に $3d$ 軌道が直接関与する（図 6.4 参照）．ただし，X 線の波長は Mn 元素の共鳴散乱でおよそ 19 Å であり，K 端の波長 (およそ 1.9 Å) や単純立方格子のペロフスカイト型結晶の格子定数（およそ 4 Å）より長い．このため回折条件を満たすには大きな単位格子の軌道超格子が対象となる．内殻 $2p$ 軌道はスピン軌道相互作用により全角運動量 $\frac{3}{2}\hbar$ と $\frac{1}{2}\hbar$ に分裂し，波動関数は 2.4 節で考察した t_{2g} 軌道と同様に，L_3 端で式 (2.45)，L_2 端で式 (2.46) で与えられる．軟 X 線共鳴散乱による軌道秩序の観測は $LaSrMnO_4$ において初めてなされた [162]．この物質では電荷秩序と軌道秩序が共存しており軌道超格子の格子長が大きいため，軟 X 線を用いた散乱において回折条件を満たす．図 6.9 にその同族物質である $Pr_{1-x}Ca_xMnO_3$ の軌道超格子点における軟 X 線共鳴散乱の結果を示す [163]．およそ 639 eV と 651 eV がそれぞれ L_3 端と L_2 端に相当し，軌道秩序の模型に基づく理論計算によりよく再現される．

(6) スピン軌道相互作用の強い $5d$ 遷移金属における磁気秩序や電子状態の解析．強いスピン軌道相互作用により電子軌道とスピンがエンタングルメントした状態に関して，式 (6.33) の遷移を利用することでスピン・軌道状態を選択的に観測することができる．代表的な物質である Sr_2IrO_4 では，$Ir^{4+}(5d^5)$ の $5d$ 電子における強いスピン軌道相互作用により，有効的な総角運動量 $J^{eff} = 1/2$ と $3/2$ に分裂する．t_{2g} 軌道における 1 個のホール

は $J^{eff} = 1/2$ 状態からなるバンドを占め，電子間相互作用により Mott 絶縁体が形成されていると解釈されている．IrL 端を利用した軟 X 線共鳴散乱では L_3 端にのみ散乱強度が見られ L_2 端ではほぼ消失することが見出されており，ホールが $J^{eff} = 1/2$ バンドを占有している場合の選択則によりよく説明される [164].

(7) 共鳴非弾性 X 線散乱による軌道励起，磁気励起，電荷励起の測定．これまで紹介してきた共鳴 X 線散乱は軌道秩序を観測するための回折実験であるが，散乱 X 線のエネルギーを分光し共鳴非弾性 X 線散乱として種々の励起を観測することが可能となる．これについては 7.3 節で詳しく解説する．

(8) ポンプ・プローブ法における時間分解共鳴 X 線散乱を用いた軌道自由度の実時間ダイナミクスの研究．フェムト秒領域の超短レーザ・パルスと X 線自由電子レーザなどを用いた時間分解共鳴 X 線散乱を組み合わせることで，光励起後の強い非平衡状態における軌道ダイナミクスを調べることができる．格子やスピンのダイナミクスと比較することで，平衡状態における現象の起源を探ることができるとともに，平衡状態では実現しない新規な軌道状態の探索が期待されている．

第7章 軌道励起とその観測

磁性体において磁気励起が存在すると同様に軌道自由度のある強相関系では特有な励起が存在し，これは軌道励起とよばれる．軌道励起には磁気秩序におけるスピン波に相当する集団励起と個別励起がある．特に前者はオービトンとよばれ様々な物理現象に影響を与えると期待される．本章では，集団軌道励起の特徴と格子励起との結合について詳しく解説する．軌道励起の存在を実証するには，その実験による観測が不可欠である．本章の後半では，その実験的な観測手段を紹介する．特に，共鳴非弾性 X 線散乱法は近年のシンクロトロン放射光の発展に伴い軌道励起を含む固体中の種々の励起を観測する方法として広範に利用されている．実験例を挙げながら軌道縮退系の共鳴非弾性 X 線散乱について解説する．

7.1 軌道励起

結晶内の 1 つのイオンに着目したとき基底状態から軌道状態の異なる励起状態への励起は，希土類化合物における結晶場励起あるいは鉄属化合物におけるいわゆる dd 励起として知られている．異なるイオンの軌道自由度間に相互作用がある場合，軌道励起は分散をもった励起として結晶を伝播する．これは軌道波，あるいはこれを量子化したものはオービトン (Orbiton) とよばれ，その模式図を図 7.1 に示す．軌道の集団励起は固体の光学的性質，磁気的性質に影響を及ぼし，低エネルギーに分散をもつ場合は熱的性質，輸送現象や弾性的性質に大きな役割を果たす．第 4 章で導入した様々な軌道模型からわかるように，一般的に軌道励起とスピン励起（マグノン），格子励起（フォノン）は結合し複

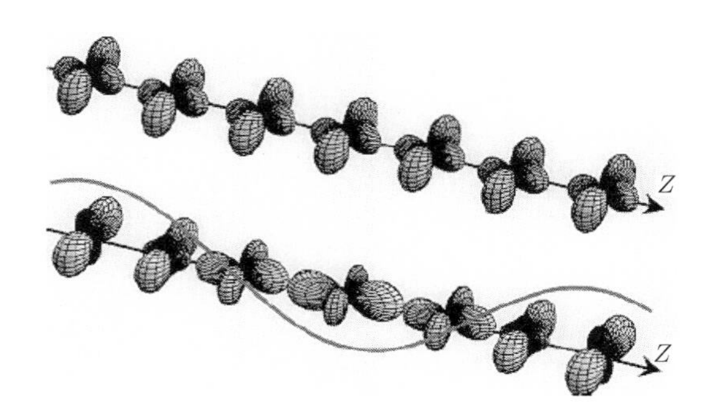

図 7.1　集団軌道励起（文献 [165]; E. Saitoh, S. Okamoto *et al.*, 2001 より）.

雑な分散関係を示すことが予想される．軌道縮退系における軌道波を初めて理論的に解析したのは Cyrot 等である [60]．そこでは，式 (4.48) に類似した軌道擬スピン空間に回転対称性のあるスピン・軌道模型を解析し，軌道波の分散関係と比熱への効果が調べられている．

この節ではまず，スピン自由度と格子自由度が凍結された場合の軌道励起について紹介する．続いて，軌道励起と格子振動との結合について本節の後半で詳しく説明する．このような取り扱いはスピン励起や格子励起のエネルギーが軌道励起のそれより十分小さな場合に正当化される．具体例として図 5.1 に示した $LaMnO_3$ における軌道秩序状態を想定する [62,166]．式 (4.44) の軌道間相互作用を記述するハミルトニアンにおいて，スピン部分を A 型反強磁性構造に凍結し，軌道擬スピン演算子のみの模型とする．スピン波の解析でよく用いられる Holstein-Primakoff 変換を擬スピン演算子を適用することで

$$T_{il}^{z} = \frac{1}{2} - a_{il}^{\dagger} a_{il} \tag{7.1}$$

$$T_{il}^{+} = \left(1 - a_{il}^{\dagger} a_{il}\right)^{1/2} a_{il} \tag{7.2}$$

$$T_{il}^{-} = a_{il}^{\dagger} \left(1 - a_{il}^{\dagger} a_{il}\right)^{1/2} \tag{7.3}$$

が得られる．$1/S$ 展開に関して最低次の項を考慮することで，線形スピン波近似の範囲で集団励起の分散関係を得ることができる．上式で $a_{il}^{\dagger}(a_{il})$ は i 番目の単位格子に含まれる l 番目のサイトにおける軌道励起の生成（消滅）演算子である．得られた分散関係を図 7.2 に示す．4 個の励起モードは軌道秩序状態の単位格子

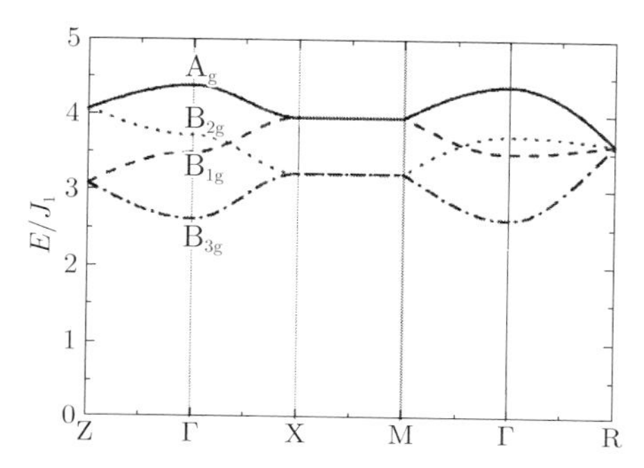

図 7.2 $d_{3x^2-r^2}$ 軌道と $d_{3y^2-r^2}$ 軌道秩序における軌道励起の分散関係（文献 [167]; S. Ishihara and S. Maekawa, 2000 より）.

に含まれる 4 つの非等価なサイトに由来する．Γ 点における励起は D_{4h} 群の既約表現により分類され，それを図 7.2 に示した．集団励起には交換相互作用の大きさ程度のギャップが存在し，この励起が Nambu-Goldstone モードではないことを意味している．これは式 (4.44) のハミルトニアンにおいて擬スピン空間に連続対称性が存在しないこと，さらに A 型反強磁性秩序により立方対称性が破れていることに起因している．エネルギーは交換相互作用程度の分散をもつ．なお，3 重縮退の t_{2g} 軌道自由度がある場合においても，式 (4.58) と式 (4.59) で与えられる軌道演算子を SU(3) 群に一般化された Holstein-Primakoff 変換を施すことで，軌道励起を記述するボゾン演算子で記述することができる [168].

ここまでは格子振動のエネルギーは軌道励起のそれと比較して十分小さく，電子軌道の運動に格子振動が追随できず凍結しているものとして取り扱った．軌道励起と格子振動との結合は，特に Jahn-Teller 効果による軌道間相互作用が支配的な物質群において詳しく調べられている [35]．4.8 節で述べたように，それらの系では軌道間相互作用はフォノンの仮想的な遷移に起因しており，格子振動と軌道励起が一体となって伝播するバイブロニック励起とみなすことができる．遷移金属化合物などの強相関電子系では交換相互作用が軌道間相互作用の要因となり，軌道励起と格子振動の結合について様々な理論的な取り扱いがなされている．Jahn-Teller 相互作用が弱い場合には，フォノンと軌道励起の分散関係の交差点において，いわゆる反交差 (Anticrossing) 現象が生じることが示

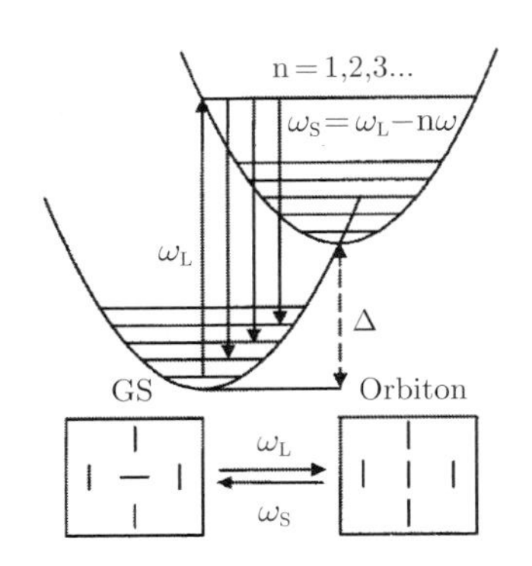

図 7.3　軌道励起と断熱ポテンシャル（文献 [171]; V. Perebeinos and P. B. Allen, 2001 より）.

されている [169]．図 7.3 に 1 つのサイトに局在した軌道励起と格子振動の結合における軌道励起の様子を示した [170, 171]．電子の基底状態と励起状態で安定となるイオン配置が異なるため，両者における断熱ポテンシャルの極小点が異なる．光遷移における Franck-Condon 原理によると，遷移の前後で格子が変形しない，いわゆる垂直遷移が生じる．これにより軌道励起には複数のフォノン励起が伴い，光吸収スペクトルに多フォノン構造が出現することが予想される．

以下では軌道励起の遍歴性と局所的な軌道・格子間結合の両者を取り入れた解析を紹介する [172]．ここでは，式 (4.44) の軌道間交換相互作用，式 (3.32) の Jahn-Teller 相互作用ならびに格子の局所振動が考慮された模型の解析に基づいている．平均場近似を超えて局所的な多重項状態を取り入れることが可能な拡張されたスピン波近似を用いることで，軌道励起の局所性と遍歴性を同時に取り入れることができる．理論解析により得られた励起スペクトルを図 7.4 に示す．図 7.4(a) は軌道と格子振動との相互作用のない場合 ($g = 0$) であり，図 7.2 の分散関係と同一のものである．図 7.4(b), (c) に示すように，相互作用の導入により励起スペクトルは多ピーク構造となるとともに，フォノンのエネルギー ω_0 に相当する低エネルギー（図の $\omega/\omega_0 = 1$）に励起構造が出現する．さらに相互作用を増大すると多ピーク構造は明瞭となり，分裂間隔が ω_0 となる．低エネルギー領域の拡大図を図 7.4(d) に示す．図 7.4(a) と同様な分散関係でバンド幅の狭い集団励起がこの領域に新たに出現することがわかる．Jahn-Teller 相

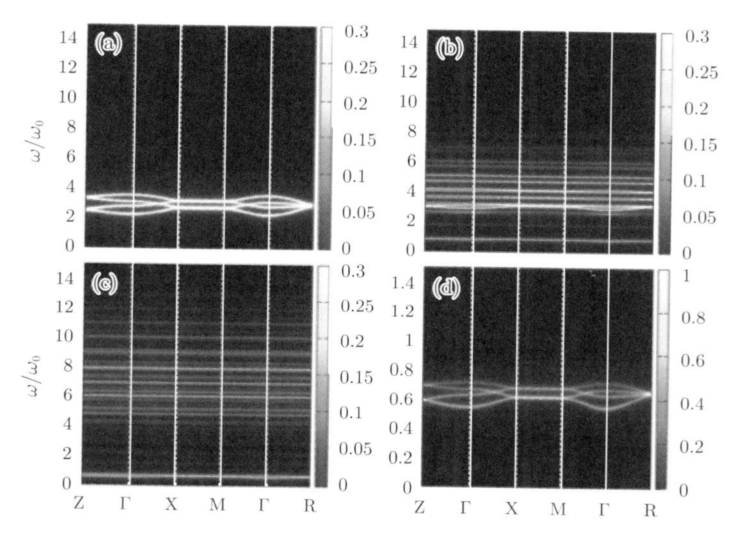

図 7.4 軌道・格子結合を取り入れた軌道励起スペクトル. (a) $g = 0$, (b) $g = 0.2$, (c) $g = 0.5$. (d) は (c) の低エネルギー領域の拡大図（文献 [172]; J. Nasu and S. Ishihara, 2013). 横軸 $\omega/\omega_0 = 1$ がフォノンのエネルギーに相当する.

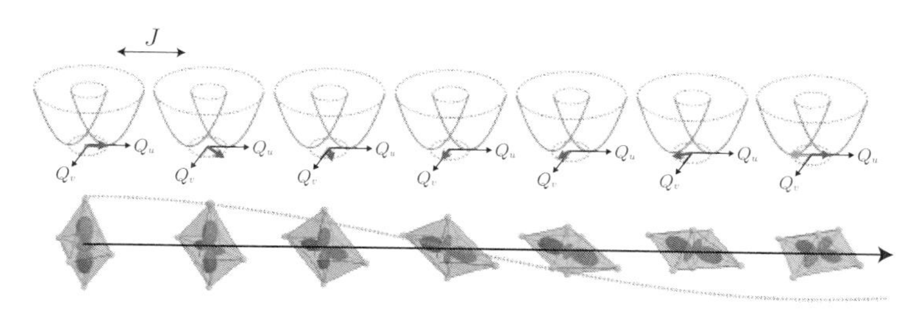

図 7.5 軌道・格子系の集団バイブロニック励起（文献 [172]; J. Nasu and S. Ishihara, 2013).

互作用のない場合のコヒーレントな軌道励起が多フォノン励起に移行し，これと同時に集団励起が低エネルギー領域に出現したとみなせる．低エネルギーの集団励起の模式的な様子を図 7.5 に示す．電子軌道とそれを取り囲む陰イオンの八面体が一体となった複合励起がサイト間の交換相互作用により系を伝播する集団バイブロニック励起と捉えられる．

7.2 軌道励起の観測

磁性体の集団励起であるスピン波は様々な実験手法により観測することができる．光学電気伝導度にはマグノン・サイドバンドとして，Raman 散乱にはマグノン Raman 散乱として励起スペクトルに影響を及ぼし，非弾性中性子散乱や非弾性 X 線散乱を用いることで広い範囲でスピン波の分散関係が測定される．本節では，軌道秩序状態における集団励起の様々な観測方法について紹介する．特に，非弾性 X 線散乱による観測については次節で取り上げる．

まず，軌道励起による Raman 散乱について紹介しよう．遷移金属化合物における軌道励起は，多くの場合において同じ空間パリティーを有する軌道間の電子励起であるため赤外不活性であり，Raman 散乱はよい観測方法となりうる．Raman 散乱の微分散乱断面積は第 6 章で述べた X 線の散乱断面積と同様に導出することができる．X 線散乱では同一サイト内の電子遷移を考慮したが，この場合は光によるサイト間の電子遷移が主要となる．まず軌道励起による Raman 散乱の定式化の前に，軌道縮退のない反強磁性 Mott 絶縁体における 2 マグノン Raman 散乱について紹介しよう [173, 174]．式 (4.36) の Hubbard 模型において，光と電子との相互作用は第 1 項である電子遷移を

$$-\sum_{\langle ij\rangle\sigma} tc_{i\sigma}^{\dagger}c_{j\sigma} \to -\sum_{\langle ij\rangle\sigma} te^{i(e/c)\mathbf{A}\cdot\mathbf{r_{ij}}}c_{i\sigma}^{\dagger}c_{j\sigma} \tag{7.4}$$

と変更することで導入できる．ここで $\mathbf{r}_{ij}$ は i サイトと j サイトをつなぐベクトル，$\mathbf{A}$ は光のベクトル・ポテンシャルであり，光の波長が格子定数より十分大きいことからその空間依存性を無視した．これは式 (6.7) で導入した光と電子の相互作用を格子系に拡張したものであり，Peierls 位相の方法とよばれる．上式から電流演算子は

$$\mathbf{j} = -i\,\frac{e}{c}\sum_{\langle ij\rangle\sigma} t\mathbf{r}_{ij}c_{i\sigma}^{\dagger}c_{j\sigma} + h.c. \tag{7.5}$$

で定義される．Raman 散乱の微分散乱断面積は式 (6.25) と式 (6.27) で与えられるが，これは式 (6.30) の第 1 項に上式 (7.8) を用いて，これに関する 2 次摂

動により求められる．その散乱過程を図 7.6(a) に示す．この計算には 4.3 節で紹介した Hubbard 模型から Heisenberg 模型を導出する手順をそのまま利用することができ，微分散乱断面積は

$$\frac{d^2\sigma}{d\Omega d\omega_f} = \sigma_T \frac{\omega_f}{\omega_i} \left(\frac{ma^2}{\hbar^2}\right) \sum_f |S|^2 \delta\left(\hbar\omega_f - \hbar\omega_i - E_f + E_i\right) \tag{7.6}$$

ならびに

$$S = -\sum_{\langle ij \rangle} (\mathbf{e}_{\lambda_i} \cdot \hat{\mathbf{r}}_{ij})(\mathbf{e}_{\lambda_f} \cdot \hat{\mathbf{r}}_{ij}) \tilde{J} \left(\frac{1}{4} - \mathbf{S}_i \cdot \mathbf{S}_j\right) \tag{7.7}$$

となる [175]．ここで $\omega_i, \mathbf{e}_i$，$(\omega_f, \mathbf{e}_f)$ は入射光（散乱光）の周波数と偏光ベクトル，$\hat{\mathbf{r}}_{ij}$ は $\mathbf{r}_{ij}$ 方向の単位ベクトル，E_i (E_f) は電子系の初期状態（終状態）のエネルギーである．摂動の中間状態において光子の生成・消滅が生じることを考慮すると，結合定数は $\tilde{J} = t^2/(U + \hbar\omega_f) + t^2/(U - \hbar\omega_i)$ で与えられる．式 (7.7) におけるスピン演算子を Holstein-Primakoff 変換によりマグノン演算子に書き換えることで，上記の散乱過程で反強磁性基底状態から 2 個のマグノンが生成されることがわかる．これは散乱過程においてスピン角運動量が保存されることに基づいている．2 個のマグノンは隣接サイトに生成されるので，実際のスペクトル形状を説明するにはマグノン間の相互作用が重要である．またスピン軌道相互作用を介した散乱過程により 1 マグノン過程が許容となる場合がある．

上記の 2 マグノン Raman 散乱の議論を 2 軌道 Hubbard 模型に基づく軌道励起による Raman 散乱に適用する．電流演算子は

$$\mathbf{j} = -i\frac{e}{c} \sum_{\langle ij \rangle \gamma\gamma'\sigma} t^{\gamma\gamma'} \mathbf{r}_{ij} c^\dagger_{i\gamma\sigma} c_{j\gamma'\sigma} + h.c. \tag{7.8}$$

で定義され，微分散乱断面積は式 (7.6) ならびに

$$\begin{aligned} S = -\sum_{\langle ij \rangle} (\mathbf{e}_{\lambda_i} \cdot \hat{\mathbf{r}}_{ij})(\mathbf{e}_{\lambda_f} \cdot \hat{\mathbf{r}}_{ij}) \Bigg[& 2\tilde{J}_1 \left(\frac{3}{4} + \mathbf{S}_i \cdot \mathbf{S}_j\right) \left(\frac{1}{4} - \tau_i^l \tau_j^l\right) \\ & + 2\tilde{J}_2 \left(\frac{1}{4} - \mathbf{S}_i \cdot \mathbf{S}_j\right) \left[\left(\frac{1}{4} - \tau_i^l \tau_j^l\right) + \left(\frac{1}{2} + \tau_i^l\right)\left(\frac{1}{2} + \tau_j^l\right)\right] \\ & + 2\tilde{J}_3 \left(\frac{1}{4} - \mathbf{S}_i \cdot \mathbf{S}_j\right) \left(\frac{1}{2} + \tau_i^l\right)\left(\frac{1}{2} + \tau_j^l\right) \Bigg] \end{aligned} \tag{7.9}$$

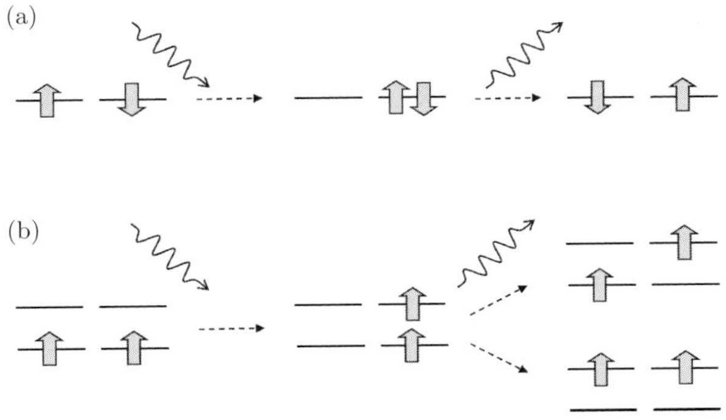

(a)

(b)

図 7.6　(a) 2 マグノン Raman 散乱の散乱過程．(b) 軌道励起による Raman 散乱の散乱過程．

となる [166, 176]．上式は式 (4.44) のスピン・軌道ハミルトニアンと対応しており，結合定数は $\tilde{J}_1 = t_0^2/(U' - J + \hbar\omega_f) + t_0^2/(U' - J - \hbar\omega_i)$ 等で与えられる．式 (7.3) における擬スピン演算子を Holstein-Primakoff 変換により軌道励起演算子に書き換えることで得られる散乱過程を図 7.6(b) に示した．2 マグノン Raman 散乱とは異なり軌道励起数が 1 個の散乱 (1 オービトン過程) と 2 個の散乱 (2 オービトン過程) が生じることがわかる．前者は隣接サイトの異なる軌道間に電子遷移が可能であることに起因しており，波数ゼロの軌道励起が生じ図 7.2 に記した対称性に応じた偏光の選択則が期待される．

軌道縮退系の Raman 散乱は $LaMnO_3$ の軌道秩序相でなされた [177]．Raman シフトが 120〜160 cm^{-1} の領域で複数の鋭いピークが観測され，それぞれが特徴的な偏光依存性を示すことが見出された．観測された偏光依存性は図 7.4 に示した理論計算による励起の対称性とよく対応しており [166]，これらは 1 オービトン励起に起因するものであると解釈された．一方，その周波数はフォノン周波数の 2 倍に近いことから 2 フォノン励起の可能性も指摘されている [178]．この観測を契機に様々な遷移金属化合物における軌道秩序相で Raman 散乱の測定がなされた [179–181]．$RTiO_3$ (R=Y, La) においては 100〜600 meV 領域に幅の広いピーク構造が見出され，理論計算との比較から軌道励起の可能性が指摘されたが不純物や欠陥によるものであるとの指摘もなされており研究の進展が期待される．

軌道励起の分散関係を観測するには，逆格子空間の広い範囲で散乱の波数依存性が観測可能な実験手段が必要となる．非弾性 X 線散乱については次節で説明することにし，ここでは非弾性中性子散乱による観測の可能性ついて簡単に触れる．6.1 節で解説したように中性子と電子の磁気双極子相互作用により磁気中性子散乱が生じるが，軌道磁気モーメントを利用することで軌道状態を励起することが可能となる．ただし，基底状態と励起状態の間で軌道磁気モーメント演算子の非対角成分が有限となる場合に限られるため，e_g 軌道縮退系では期待されない．これは希土類化合物の非弾性中性子散乱における結晶場励起に相当する．中性子散乱において入射（散乱）中性子の波数，エネルギー，スピン偏極方向をそれぞれ $\mathbf{k}_i, \hbar\omega_i, l_i$ $(\mathbf{k}_f, \hbar\omega_f, l_f)$ とし，$\hbar\omega = \hbar\omega_i - \hbar\omega_f$, $\mathbf{K} = \mathbf{k}_i - \mathbf{k}_f$ と記すと非弾性散乱の微分散乱断面積は

$$\frac{d^2\sigma}{d\Omega d\omega_f} = \left(\frac{\gamma e^2}{m_N c^2}\right)^2 \left[\frac{1}{2}gF(\mathbf{K})\right]^2 \frac{k_f}{k_i} \sum_{ll'} \left(\delta_{l_i l_f} - \kappa_{l_i}\kappa_{l_f}\right) S^{l_i l_f}(\mathbf{K}, \omega) \quad (7.10)$$

となる [168]．ここで $S^{l_i l_f}(\mathbf{k}, \omega)$ は次式で定義される軌道角運動量演算子 $\mathbf{L}_i$ の動的相関関数 $S^{l_i l_f}(\mathbf{r}_i - \mathbf{r}_j, t) = \langle L_i^{l_i}(t) L_j^{l_f}(0) \rangle$ の Fourier 変換である．その他の記号は 6.1 節で導入したものと同様である．具体例として t_{2g} 軌道縮退系を考えると，軌道角運動量演算子 $\mathbf{L}_i$ は 4.6 節の式 (4.59) で導入した軌道演算子 $O_{T_1 l}$ $(l = x, y, z)$ であり，これは波動関数の間に有限の非対角要素を与えることで軌道が励起される．式 (7.10) に示されるように散乱強度は入射中性子のスピン偏極に大きく依存しており，これを利用することで軌道励起とフォノン，マグノンとの識別や軌道励起のモードの同定が可能となる．軌道励起による中性子散乱の研究は $\mathrm{YTiO_3}$ や $R\mathrm{VO_3}$ でなされている [168]．偏極中性子を用いた精度の高い測定が要求され，大強度陽子加速器施設 J-PARC 等を用いた研究の進展が期待されている [182]．

7.3 非弾性 X 線散乱

本節では，軌道励起の観測手段として非共鳴非弾性 X 線散乱 (Non resonant Inelastic X-ray Scattering: NIXS) と共鳴非弾性 X 線散乱 (Resonant Inelastic

X-ray Scattering: RIXS) を紹介する．2 つの測定方法は大型放射光施設の近年の発展に伴い凝縮系物理の研究に不可欠な実験手法となっている．両者を軌道励起の観測手段として比較したとき，以下のような特徴が挙げられる．波長の短い硬 X 線を用いた硬 X 線 RIXS（HX-RIXS）では，X 線の波長は格子定数程度となり (Cu $K\alpha$ 線の波長はおよそ 1.54 Å)，第一 Brillouin 帯全体にわたり励起の分散が観測可能である．一方で，軟 X 線 RIXS（SX-RIXS）では波長は格子定数よりかなり大きく（Cu L 線の波長はおよそ 13 Å)，しばしば分散関係の一部しか観測することができない．エネルギー分解能は HX-RIXS で 500 meV 程度，SX-RIXS で 100 meV を超えることが可能であり，軌道励起の分散関係を調べるには後者が有利である．RIXS では共鳴効果による励起の元素選択性や偏光特性を用いた対称性の解析が可能であり，軌道励起を同定する際に大きな役割を果たす．NIXS では共鳴効果や偏光依存性を利用することができないが，エネルギー分解能は RIXS と比較して優れており数 meV から数 10 meV に達する．また，散乱過程が RIXS より単純であるために解釈が容易である．一方，散乱強度は価数の 2 乗に比例しているために軌道励起はフォノンの散乱強度よりかなり小さい．

7.3.1　非共鳴非弾性 X 線散乱

NIXS の微分散乱断面積は 6.2 節で紹介したように電荷の動的相関関数で表される．電荷密度を量子論的に表現すると軌道の非対角成分が含まれており，これが軌道励起に相当する．軌道励起の観測手法として NIXS の理論解析が行われており [183,184]，以下では微分散乱断面積の一般的な定式を紹介する．電荷とベクトルポテンシャルとの相互作用に起因した散乱断面積（式 (6.25) の第 1 項と式 (6.26) の第 1 項）を改めて記す．

$$
\begin{aligned}
\frac{d^2\sigma}{d\Omega dE_f} &= \sigma_T \frac{\omega_f}{\omega_i} \sum_f \mathbf{e}_{\lambda_i} \cdot \mathbf{e}_{\lambda_f} \\
&\quad \times |\langle f|\rho(\mathbf{K})|i\rangle|^2 \delta(E_f - E_i + \hbar\omega_f - \hbar\omega_i)
\end{aligned}
\tag{7.11}
$$

ここで電荷密度の Fourier 変換を電子の演算子で表すと

$$
\rho(\mathbf{K}) = \sum_{\gamma\gamma'} f_{\gamma\gamma'}(\mathbf{K}) \sum_{s\mathbf{q}} c^\dagger_{\mathbf{q}+\mathbf{K}\gamma s} c_{\mathbf{q}\gamma' s}
\tag{7.12}
$$

となり，$f_{\gamma\gamma'}(\mathbf{K})$ は式 (6.17) で導入した原子散乱因子

$$f_{\gamma\gamma'}(\mathbf{K}) = \int d\mathbf{r}\phi_\gamma(\mathbf{r})\phi_{\gamma'}(\mathbf{r})e^{i\mathbf{K}\cdot\mathbf{r}} \tag{7.13}$$

である．$\phi_\gamma(\mathbf{r})$ は軌道 γ の波動関数であり，すべてのサイトで共通であると仮定した．電荷分布関数は球面調和関数 $Y_{lm}(\mathbf{K})$ を用いて

$$\rho(\mathbf{K}) = \sum_i e^{i\mathbf{K}\cdot\mathbf{r}_i} \sum_l A_l(\mathbf{K}) \sum_{m=-l}^{l} Y^*_{lm}(\mathbf{K}) w^l_m \tag{7.14}$$

と表現できる．ここで

$$A_l(\mathbf{K}) = i^l 4\pi \sqrt{\frac{2l+1}{4\pi}} P_l(\mathbf{K}) C^{20}_{l010} C^{22}_{l022} \tag{7.15}$$

ならびに

$$w^l_m = \sum_{\gamma\gamma'} \sum_{n,n'=-l}^{l} f^{(\gamma)*}_n f^{(\gamma')}_{n'} \frac{C^{2n}_{lm2n'}}{C^{22}_{l022}} \sum_s c^\dagger_{i\gamma s} c_{i\gamma' s} \tag{7.16}$$

$$P_l(\mathbf{K}) = \int dr r^2 |R_{32}(r)|^2 j_l(|\mathbf{K}\cdot\mathbf{r}|) \tag{7.17}$$

を導入した．式 (7.16) において $C^{l_1 m_1 l_2 m_2}_{lm}$ は Clebsch-Gordan 係数であり，軌道波動関数を $\phi_\gamma(\mathbf{r}) = R_{32}(r)\sum_{m=-l}^{l} f^{(\gamma)}_m Y_{lm}(\hat{\mathbf{r}})$ のように球面調和関数で展開することで係数 $f^{(\gamma)}_n$ を導入した．また，式 (7.17) における $j_l(|\mathbf{K}\cdot\mathbf{r}|)$ は l 次の Bessel 関数であり，$R_{32}(r)$ は式 (2.4) で導入した $3d$ 軌道の波動関数の動径方向成分である．式 (7.11) と式 (7.12) からわかるように，NIXS の散乱断面積は軌道擬スピン演算子や軌道励起演算子の動的相関関数として表される．X 線の偏光に関しては $\mathbf{e}_{\lambda_i}\cdot\mathbf{e}_{\lambda_f}$ の形で散乱断面積に含まれており，偏光依存性を示さない．一方，散乱強度は波数と電子軌道に強く依存しており，これを利用することで励起モードの同定が可能となる．波数 $\mathbf{K}=0$ では異なる軌道の波動関数の直交性に起因して散乱強度はゼロとなり，$|\mathbf{K}|$ がおよそ軌道半径の逆数程度で散乱強度が最大となる．軌道励起の観測を目的とした NIXS の実験ならびに理論研究は $LaMnO_3$ ならびに $KCuF_3$ でなされたが，現在までにオービトンと

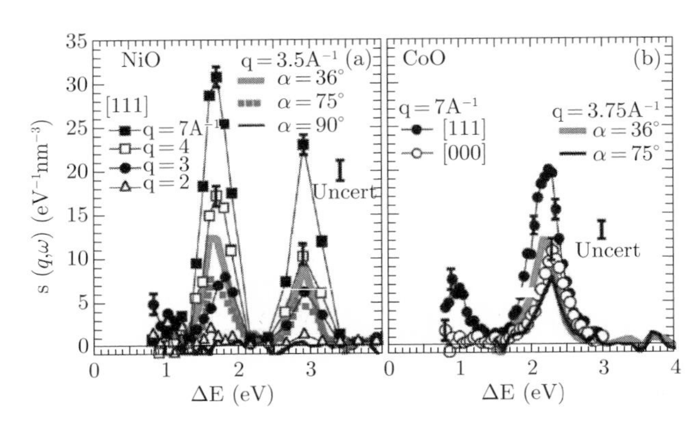

図 7.7　NIXS における *dd* 励起（文献 [186]; B. C. Larson, Wei Ku *et al.*, 2007 より）.

その分散関係の明確な観測には至っていない [183,185]．軌道縮退系ではないが CoO, NiO において NIXS による *dd* 励起（結晶場励起）の観測がなされている（図 7.7）．1〜3 eV の領域に複数のピーク構造に対して角度依存性が測定され，第一原理計算との比較からピークの起源について解釈がなされている [184,186].

7.3.2　共鳴非弾性 X 線散乱

この項では，共鳴 X 線散乱による軌道秩序観測の延長として，RIXS による軌道励起の観測について解説する．RIXS は近年の大規模放射光施設や X 線測定技術の発展により電子構造を観測する測定方法として著しく発展した．特に波数分解可能な測定であること，元素選択的な励起が誘起できること，角度分解型光電子分光法では得られない非占有状態の情報が得られることから，強相関電子系の電荷，スピン，軌道励起の研究において不可欠な研究手段として広く活用されている．RIXS について詳しく知りたい読者のために代表的な総合報告を挙げておく [11,187,188].

NIXS の散乱断面積が軌道演算子の動的相関関数で表されるのに対して，RIXS は光との相互作用の 2 次過程であるため，その散乱過程は複雑で，散乱断面積は単純な動的相関関数で表されない．ここで (E1-E1) 散乱における RIXS の散乱断面積を改めて記しておく．

$$\frac{d^2\sigma}{d\Omega dE_f} = \frac{\sigma_T}{(4\pi)^2}\frac{\omega_f}{\omega_i}\sum_f \left| e^{\alpha}_{\lambda_i} \widetilde{S}_2^{\alpha\beta} e^{\beta}_{\lambda_f} \right|^2 \delta(\varepsilon_f - \varepsilon_i + \hbar\omega_f - \hbar\omega_i) \tag{7.18}$$

ここで S 行列は

$$\widetilde{S}_2^{\alpha\beta} = -\frac{1}{m}\sum_{mi} e^{i(\mathbf{k}_i - \mathbf{k}_f)\cdot\mathbf{R}_i} \left[\frac{\langle f|\hat{p}^{\alpha}_{\mathbf{k}_i}|m\rangle\langle m|\hat{p}^{\beta\dagger}_{\mathbf{k}_f}|i\rangle}{\varepsilon_m - \varepsilon_i + \hbar\omega_f + i\eta} + \frac{\langle f|\hat{p}^{\beta\dagger}_{\mathbf{k}_f}|m\rangle\langle m|\hat{p}^{\alpha}_{\mathbf{k}_i}|i\rangle}{\varepsilon_m - \varepsilon_i - \hbar\omega_i + i\eta} \right] \tag{7.19}$$

であり，E1 遷移を記述する電気双極子演算子は

$$\hat{p}^{\alpha}_i = (-i\hbar)\sum_{\gamma\gamma'}\left[\int d\mathbf{r}\phi_{i\gamma}(\mathbf{r})^* \nabla^{\alpha}\phi_{i\gamma'}(\mathbf{r})\right]\sum_s c^{\dagger}_{i\gamma s}c_{i\gamma' s} \tag{7.20}$$

である．鉄族イオン化合物における SX-RIXS と HX-RIXS における軌道励起過程を図 7.8 に示した [72]．SX-RIXS では X 線を鉄属イオンの L 端付近に設定することで $2p \to 3d$ の励起が生じ

$$|3d_{\gamma}\rangle + h\nu \to |3d_{\gamma}3d_{\gamma'}\underline{2p}\rangle \to |3d_{\gamma'}\rangle + h\nu' \tag{7.21}$$

の過程により $3d$ 軌道励起を直接誘起できる．ここで $\underline{2p}$ は中間状態における内殻 $2p$ 軌道のホール占有状態を表す．一方，HX-RIXS では X 線のエネルギーを K 端付近に設定することで $1s \to 4p$ 励起が生じ，次の過程

$$\begin{aligned} &|3d_{i\gamma_i} : 3d_{j\gamma_j}\rangle + h\nu \to |4p3d_{i\gamma_i}\underline{1s} : 3d_{j\gamma_j}\rangle \\ &\qquad \to |4p3d_{i\gamma_i}3d_{i\gamma'_i}\underline{1s}\rangle \to |3d_{i\gamma'_i} : 3d_{j\gamma'_j}\rangle + h\nu' \end{aligned} \tag{7.22}$$

により，$3d$ 軌道励起は二次的に生じる．ここでは X 線が吸収されたサイトを i，その隣接サイトを j とした．散乱の中間状態において i サイトの $1s$ 軌道にホールが生じ，これを遮蔽するために j サイトの $3d$ 軌道もしくは配位子を形成する陰イオンから電子が遷移する．X 線の発光に伴い i サイトの $4p$ 軌道電子が $1s$ 軌道に戻るとともに電子が j サイトに戻り，最終的に軌道励起が生じる．

RIXS を利用した軌道励起の研究は $La_{1-x}Sr_xMnO_3$, $KCuF_3$, $R TiO_3$ 等の多くの遷移金属化合物でなされている．理論解析との詳細な比較により観測され

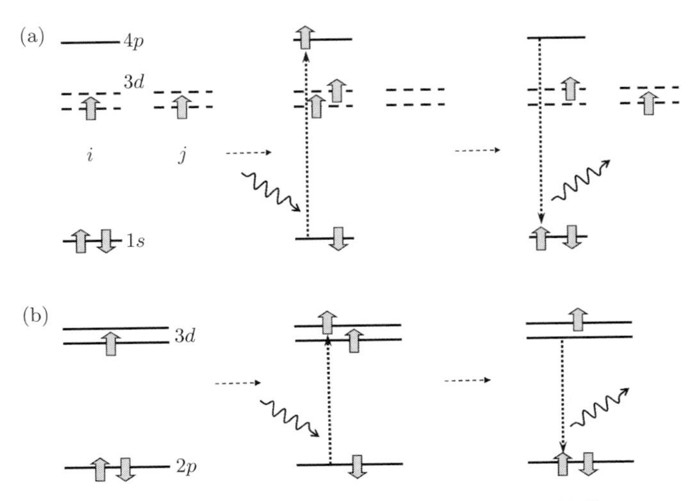

図 7.8　$3d$ 遷移金属化合物の軌道励起による RIXS の散乱過程（文献 [72]; S. Ishihara and S. Maekawa, 2000）．(a) HX-RIXS ならびに (b) SX-RIXS の場合．

たピーク構造の起源とその波数依存性について解釈がなされているが，現在まで軌道秩序相においてオービトンの分散関係が明確に観測された例はない．軌道縮退系ではないが 1 次元銅酸化物 $\mathrm{Sr_2CuO_3}$ において，結晶場励起 (dd 励起) の分散が RIXS により見出されている [189]．この系では 1 次元鎖方向（z 方向）に配列した Cu^{2+} において $d_{x^2-y^2}$ 軌道に 1 個のホールが存在する．図 7.9 に示したように CuL_3 端の X 線を用いた SX-RIXS では 1.5〜2.5 eV と 3 eV 近傍に複数のピーク構造が観測される．前者は同一サイトにおける $d_{x^2-y^2} \to d_{zx}, d_{yz}$ の励起，後者は $d_{x^2-y^2} \to d_{3z^2-r^2}$ の励起と解釈されており，前者では 0.3 eV 程度の分散が観測されている．

RIXS では NIXS と異なり，偏光特性を用いることでピークの起源を同定できる．まず，散乱過程の詳細を問わず軌道励起の対称性と X 線の偏光に着目しよう．偏光 λ_i 波数 $\mathbf{k}_i$ の X 線が入射し $\lambda_f, \mathbf{k}_f$ の X 線が散乱され，γ 軌道から γ' 軌道への波数 $\mathbf{K}$ $(= \mathbf{k}_i - \mathbf{k}_f)$ の軌道励起が生じる場合を考える．波数 $\mathbf{K} = 0$ の場合は，次のような Raman 散乱と同様な選択則が成立する．対象とする結晶の点群において，励起の対称性を既約表現 Γ，入射 X 線の偏光と散乱 X 線の偏光の対称性をそれぞれ $P_{\lambda_i}, P_{\lambda_f}$ とすると，これらの積表現 $P_{\lambda_i} \times P_{\lambda_f} \times \Gamma$ が

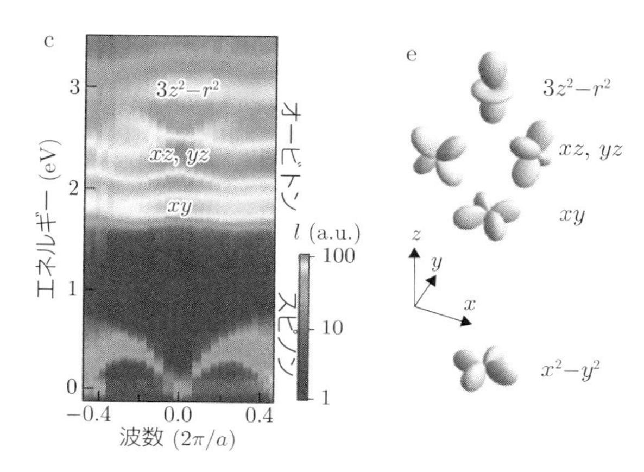

図 7.9 Sr_2CuO_3 における RIXS スペクトル（文献 [189]; J. Schlappa, K. Wohlfeld *et al.*, 2012 の図 1, c, e を引用）.

A_{1g} 表現を含む場合に散乱が許される．有限波数の場合は波数の方向に応じてこの選択則は修正を受ける．

軌道縮退系の RIXS の偏光依存性については $KCuF_3$ において詳しい測定と理論解析がなされている [190]．入射 X 線のエネルギーを CuK 端付近に設定することで 12 eV 近傍までの幅の広いエネルギーにおいて RIXS スペクトルが観測され，入射 X 線と散乱 X 線の偏光依存性が詳細に調べられている．ここでは図 7.10 に示した 1〜2 eV 付近の低エネルギー領域に着目し，その詳しい偏光依存性について紹介する．低エネルギーにはおよそ 1 eV と 1.2 eV を中心とする 2 つのピークが存在し，それぞれ異なる偏光依存性を示している．図 7.10(a) の配置では 1 eV と 1.2 eV の両エネルギーでピークが見られるが，図 7.10(b) の配置では 1 eV 近傍の強度が減少しているのがわかる．

図 5.1(b) に示したように，$KCuF_3$ の軌道秩序において Cu サイトの局所対称性は近似的に D_{4h} とみなせる．サイトに依存した局所座標を考え Cu-F ボンド長が長い軸を z 軸とすると，ホール占有軌道は $d_{x^2-y^2}$ 軌道である．t_{2g} 軌道から e_g 軌道への電子励起 $d_{xy} \to d_{x^2-y^2}$ ならびに $d_{yz}, d_{zx} \to d_{x^2-y^2}$ はそれぞれ A_{2g} ならびに E_g 対称性であり，e_g 軌道間の励起は B_{1g} 対称性である．図 7.10(a) の $\pi \to \sigma'$ 配置では偏光の対称性から (A_{2g}, B_{2g}, E_g) 対称性の励起が，$\pi \to \pi'$ 配置では $(A_{1g}, A_{2g}, B_{1g}, E_g)$ 対称性の励起が可能である．したがって $\pi \to \sigma'$ 配

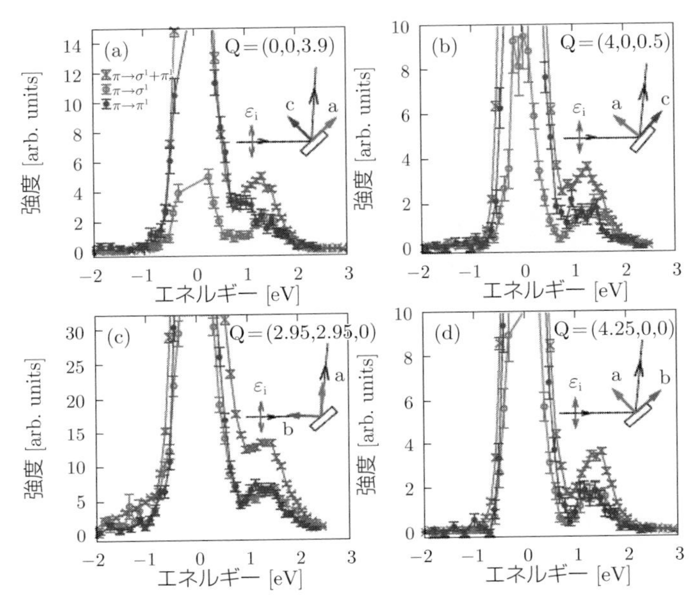

図 7.10 $KCuF_3$ における RIXS の偏光依存性（文献 [190]; K. Ishii, S. Ishihara *et al.*, 2011 より）.

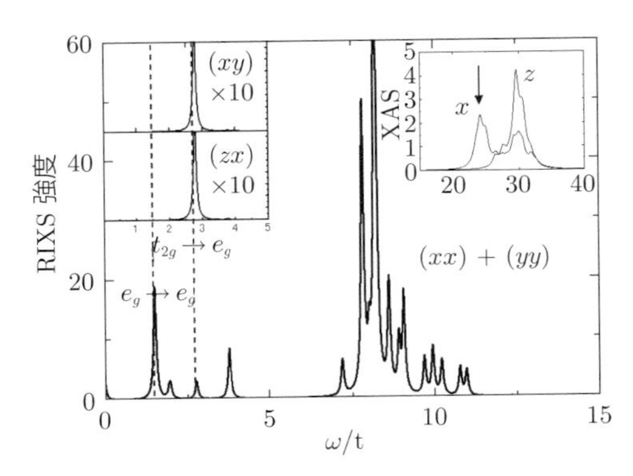

図 7.11 $KCuF_3$ における RIXS スペクトルの計算結果．カッコ内は入射 X 線と散乱 X 線の偏光方向．挿入図は X 線吸収スペクトル．

置ではすべての軌道励起が可能であり，$\pi \to \pi'$ 配置では $d_{xy} \to d_{x^2-y^2}$ ならびに $d_{yz}, d_{zx} \to d_{x^2-y^2}$ の 2 種類の励起が可能となる．図 7.10(b)–(d) の配置にお

ける偏光依存性に関しても同様の解析ができ，1 eV ならびに 1.2 eV 近傍のピーク構造はそれぞれ $d_{3z^2-r^2} \to d_{x^2-y^2}$ ならびに $d_{xy}, d_{yz}, d_{zx} \to d_{x^2-y^2}$ の励起であると解釈される．式 (7.18) と式 (7.19) に基づく多軌道 Hubbard 模型による RIXS スペクトルの計算がなされており（図 7.11），Hubbard ギャップ内に軌道励起によるピークが複数存在し，X 線の偏光により選択的に出現することが示されている．

第8章　軌道物理の新しい展開

本書の最後の章ではこれまでの解説を踏まえ，軌道物理の新しい展開として励起子絶縁体と分子性導体における“軌道”自由度について紹介する．これらの系ではこれまで紹介してきたような磁性イオンにおける縮退原子軌道の自由度が存在するわけではないが，軌道秩序，軌道励起，軌道間相互作用などと同様な概念が適用でき，従来の軌道縮退系には見られない新奇な物理現象が発現する．8.1 節では Co イオンを含む強相関電子系におけるスピン・クロスオーバー現象と自発的な励起子凝縮による励起子絶縁体の可能性を探る．8.2 節では分子ダイマー構造を有する分子性有機固体における電子による電気分極の発現について紹介する．

8.1　軌道物理としての励起子絶縁体

2.4 節で述べたように，Co や Fe 等の鉄族イオンにおいては結晶場分裂と原子内 Hund 結合が拮抗し，電子間相互作用を先に考慮する弱い結晶場の描像と結晶場分裂を先に考慮する強い結晶場の描像のどちらも適切ではない場合がしばしば見られる．圧力・温度・磁場・光照射等の外部状況に応じて複数の電子配置が可能であり，大きさの異なる複数のスピン状態が実現し，これは“スピン状態の自由度”とよばれる．結晶内や分子内でスピン状態自由度をもつイオンが規則的に配列すると相互作用により協力的な変化が起き，スピン・クロスオーバーもしくはスピン転移とよばれる現象が生じる．このような例は鉄シアノ錯体やヘモグロビン中の Fe イオンでよく知られている．

本節では，スピン・クロスオーバーを示す代表的な物質としてコバルト酸化

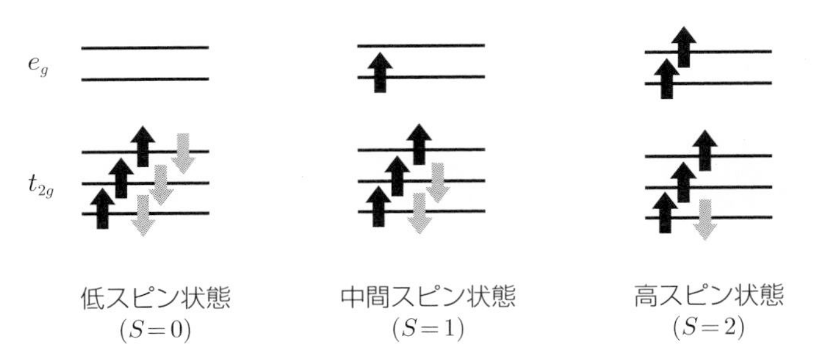

図 8.1　Co^{3+} における低スピン状態，中間スピン状態，高スピン状態の電子配置．

物 RCoO$_3$ (R は希土類金属イオン) について，特に励起子絶縁体の可能性と軌道自由度の役割について詳しく解説する．Co^{3+} の電子配置は $3d^6$ であり，立方対称の結晶場中において 5 つの $3d$ 軌道は 2 重縮退の e_g 軌道と 3 重縮退の t_{2g} 軌道に分裂する．このとき図 8.1 に示すような 3 種類の代表的なスピン状態をとりうる．結晶場分裂と比較して Hund 結合が大きくなると安定なスピン状態が変化し，低スピン状態 [$S=0$, ${}^1A_1$, $(t_{2g})^6(e_g)^0$]，中間スピン状態 [$S=1$, ${}^3T_1$, $(t_{2g})^5(e_g)^1$]，高スピン状態 [$S=2$, ${}^5T_2$, $(t_{2g})^4(e_g)^2$] が実現すると期待される．孤立した Co^{3+} においては詳しい理論解析がなされており，結晶場分裂と Hund 結合の大小により低スピン状態と高スピン状態のみが安定となり，両者が拮抗するパラメータ領域においても中間スピン状態は基底状態とはならないことがわかっている．ペロフスカイト型結晶の $LaCoO_3$ では，その諸物性の温度変化がスピン・クロスオーバー現象により説明されている [191]．高温領域では $10^{-4}\,\Omega$cm 程度の低い電気伝導度と帯磁率の Curie 則が観測されており，高スピン状態を含む複数のスピン状態が熱的に混成した金属的な状態である．温度の降下とともに 300 K 付近を境に帯磁率が減少するとともに電気抵抗が急激に増大し，低スピン状態の非磁性絶縁体状態へスピン・クロスオーバーが生じたものと捉えられている．

近年，$R_{1-x}A_x$CoO$_3$（A はアルカリ土類金属イオン）やその薄膜試料において，新規な電子相が実験により指摘されている．$(\mathrm{Pr}_{1-y}R_y)_{1-x}A_x\mathrm{CoO}_3$ では，90 K 付近に電気抵抗，帯磁率，比熱などの温度変化に大きな不連続が見出されている．X 線回折において超格子反射が確認されないことや Pr の価数が 4 価に近いことから，低温相は電荷秩序・軌道秩序ではないと考えられている [192]．また $\mathrm{LaCo_{1-x}Sc_xO_3}$ $(x > 0.04)$ の低温においては，帯磁率の減少と磁気歪みの増大が見出されている．$\mathrm{Sc^{3+}}$ のイオン半径は $\mathrm{Co^{3+}}$ のそれより大きいため，Co を Sc で置換することで Co イオン結晶場分裂が減少し低スピン状態が不安定となっていると予想される [193]．

Co 酸化物における上記の実験により見出された新しい電子相の候補として，励起子絶縁相の可能性が提唱されている [194, 195]．励起子絶縁体 (Excitonic Insulator: EI) の研究は 1960 年代の Mott，Keldysh，Knox 等による半導体や半金属における理論研究にさかのぼることができる [196–202]．エネルギー・ギャップの小さい半導体や半金属において，ギャップの大きさに比べて電子・正孔対の束縛エネルギーが大きい場合には，巨視的な数の励起子が自発的に生成され，これが凝縮することが予想される．このような絶縁体は励起子絶縁体，またその現象は励起子凝縮とよばれている．その波動関数は波数 $\mathbf{k}$ における価電子バンドと伝導バンドの電子の生成（消滅）演算子をそれぞれ $f^\dagger_{\mathbf{k}}$ $(f_{\mathbf{k}})$ ならびに $c^\dagger_{\mathbf{k}}$ $(c_{\mathbf{k}})$ として，

$$|\Psi_{\mathrm{EI}}\rangle = \frac{1}{\sqrt{N}} \sum_{\mathbf{q}} \left(v_{\mathbf{q}} + u_{\mathbf{q}} \sum_{\mathbf{k}} w_{\mathbf{k}} c^\dagger_{\mathbf{k}} f_{\mathbf{k}+\mathbf{q}} \right) |0\rangle \tag{8.1}$$

で表される．ここで $|0\rangle$ は価電子バンドがすべて占有された状態であり，$u_{\mathbf{q}}, v_{\mathbf{q}}, w_{\mathbf{k}}$ は係数である．これは通常の絶縁体状態にマクロな数の励起子 $c^\dagger_{\mathbf{k}} f_{\mathbf{k}+\mathbf{q}}$ が生成された状態である．上式やこれに基づく理論は超伝導の BCS 理論や電荷密度波の理論と多くの類似性があることから，現象の相互関係や新しい電子状態の可能性について数多くの研究がなされた．近年の角度分解光電子分光法，超高速分光法や試料作成技術の大きな進展に伴い，この研究分野が再び大きな興味を集めている．特に $\mathrm{Ta_2NiSe_5}$ や 1T-$\mathrm{TiSe_2}$ が励起子絶縁体の有力な候補物質として取り上げられている [203–206]．

式 (8.1) が電子正孔間相互作用により生じる場合は自発的な価電子バンドと伝導バンドとの混成を意味し，その秩序変数は $\langle c^\dagger_{\mathbf{k}} f_{\mathbf{k}+\mathbf{q}}\rangle$ 等で与えられる．これは価電子バンドと伝導バンドの波動関数を基底としたとき，それらの非対角的な軌道秩序とみなすことができる．このような視点から励起子絶縁体の研究を

眺めたとき，ペロフスカイト型Co酸化物はモット絶縁体におけるスピン自由度，軌道自由度，スピン状態自由度が関与した新しいタイプの強相関型励起子絶縁体と捉えられる．以下では軌道物理の視点から励起子絶縁体の研究を紹介する．

ここでは，スピン転移と励起子絶縁体の関係について調べる最も簡単な模型として，拡張された2軌道Hubbard模型を導入する．格子上の各サイトに2つの軌道aならびにbを配置し，軌道間にエネルギー差Δを導入する．Co^{3+}と比較するとa軌道がe_g軌道に，b軌道がt_{2g}軌道に相当し，Δは$10Dq$に対応する．2.2節で紹介した同一サイトにおける電子間相互作用と隣接サイトの同一軌道間に電子遷移積分を導入することで，ハミルトニアンは

$$
\begin{aligned}
\mathcal{H} &= \Delta \sum_i n_{ia} - \sum_{\langle ij \rangle \eta\sigma} t_\eta \left(c^\dagger_{i\eta\sigma} c_{j\eta\sigma} + h.c. \right) \\
&+ U \sum_{i\eta} n_{i\eta\uparrow} n_{i\eta\downarrow} + U' \sum_i n_{ia} n_{ib} \\
&+ J \sum_{i\sigma\sigma'} c^\dagger_{ia\sigma} c^\dagger_{ib\sigma'} c_{ia\sigma'} c_{ib\sigma} + I \sum_{i\eta\neq\eta'} c^\dagger_{i\eta\uparrow} c^\dagger_{i\eta\downarrow} c_{i\eta'\downarrow} c_{i\eta'\uparrow} \qquad (8.2)
\end{aligned}
$$

で与えられる．上式における演算子や相互作用の定義は2.2節を参照してほしい．式(4.42)と異なり第1項で2つの軌道間にエネルギー差が考慮されており，軌道縮退はすでに解けている．この模型において定義される“低スピン状態”$(S=0)$と“高スピン状態”$(S=1)$の電子配置を図8.2に示す．前者の波動関数を$|L\rangle$，後者の波動関数をS^zの固有値で分類して$\{|H_{+1}\rangle, |H_0\rangle, |H_{-1}\rangle\}$ $(\equiv |H_\Gamma\rangle)$と記す．現実の物質との対応を考えるときは，中間スピン状態が記述できないこと，高スピン状態が$S=1$でありt_{2g}軌道の縮退がないことなどの相違があり注意が必要である．

4.1節で紹介したように，スピン・軌道構造を解析するには拡張2軌道Hubbard模型からその低エネルギー領域を記述する有効模型を導出するのが便利である．ここでは，低スピン状態と高スピン状態を基底とする有効模型を式(8.2)から導く．この模型では2つのスピン状態自由度に加えて高スピン状態におけるスピン自由度を考慮する必要がある．これを記述するために以下の擬スピン演算子

$$
\tau^x_\Gamma = |H_\Gamma\rangle\langle L| + |L\rangle\langle H_\Gamma|
$$

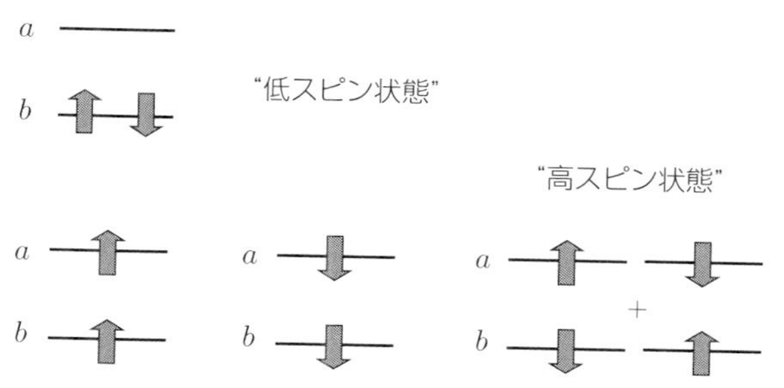

図 8.2 拡張された 2 軌道 Hubbard 模型における "低スピン状態" と "高スピン状態".

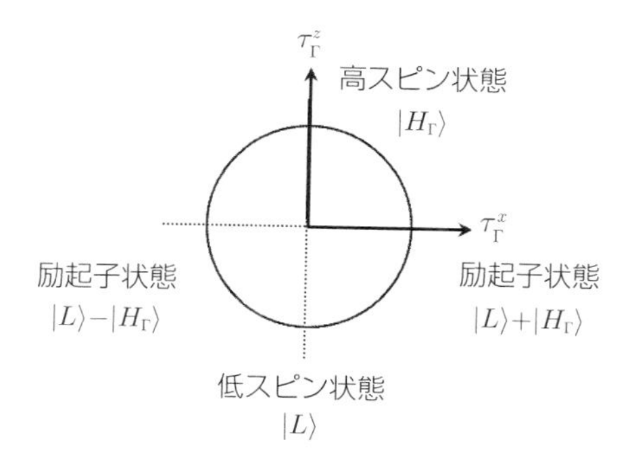

図 8.3 擬スピン演算子と高スピン状態，低スピン状態，励起子状態.

$$\tau_\Gamma^y = i(|H_\Gamma\rangle\langle L| - |L\rangle\langle H_\Gamma|)$$
$$\tau_\Gamma^z = |H_\Gamma\rangle\langle H_\Gamma| - |L\rangle\langle L| \tag{8.3}$$

を導入する．これらは式 (4.2) で導入した軌道擬スピン演算子をスピン自由度を取り入れて拡張したものである．$\tau_\Gamma^z - \tau_\Gamma^x$ 平面における擬スピンと電子状態との関係を図 8.3 に示した．τ_Γ^x と τ_Γ^y は低スピン状態と高スピン状態の混成を記述することで励起子の生成・消滅を表し，これらの期待値が励起子絶縁相の秩序変数になる．また τ_Γ^z は低スピン状態と高スピン状態の占有数の差を表す．

擬スピン演算子を用いることで有効模型は

$$\mathcal{H}_{\rm eff} = -h_z \sum_i \tau_i^z + J_z \sum_{\langle ij\rangle} \tau_i^z \tau_j^z + J_s \sum_{\langle ij\rangle} \boldsymbol{S}_i \cdot \boldsymbol{S}_j$$

$$-J_x \sum_{\langle ij\rangle\Gamma} \tau^x_{i\Gamma}\tau^x_{j\Gamma} - J_y \sum_{\langle ij\rangle\Gamma} \tau^y_{i\Gamma}\tau^y_{j\Gamma} \tag{8.4}$$

と簡潔にまとめることができる [207–211]．ここで $\mathbf{S}_i$ は大きさ1のスピン演算子，$\tau_i^\gamma = \sum_\Gamma \tau_{i\Gamma}^\gamma$ であり，相互作用定数は式 (8.2) のパラメータにより表される．第1項は結晶場分裂を，第2項は近接する低スピン状態と高スピン状態間の引力相互作用を表す．最後の2項が励起子間の相互作用であり励起子絶縁体の起源となる．高スピン状態においてスピン自由度を考慮しない場合は，有効模型は Falicov-Kimball 模型となることが示される [212]．電子対遷移 I がゼロの場合は式 (8.4) の交換相互作用の間に $J_x = J_y$ の関係が成立し，ハミルトニアンは擬スピン空間において U(1) 対称性をもつ．この場合は励起子転移は U(1) 対称性の破れに相当し，これに伴う Nambu-Goldstone モードが出現する．Co 酸化物等の遷移金属化合物では一般に，電子対遷移は Hund 結合程度の大きさでありこれを無視することはできず，U(1) 対称性は失われ Z_2 対称性となる．励起子転移は Z_2 対称性の破れに相当し，秩序相における励起には有限のギャップが存在する．励起子絶縁相における波動関数は，U(1) 対称性の破れが生じる場合は $a|L\rangle + be^{i\phi}|H_\Gamma\rangle$ (a, b, ϕ は実数) で表され，低スピン状態と高スピン状態の重ね合わせに位相の自由度が存在する．一方，Z_2 対称性の破れが生じる場合では $a|L\rangle \pm b|H_\Gamma\rangle$ となり相対符号の自由度のみが残る．

基底状態の相図をエネルギー準位差 (Δ) と Hund 結合 (J) の関数として表したものを図 8.4 に示す [207]．Δ ならびに J がそれぞれ大きな領域で，低スピン状態のバンド絶縁体と反強磁性秩序を伴った高スピン状態の Mott 絶縁体が実現する．両者の間に2種類の励起子絶縁相ならびに低スピン状態と高スピン状態が空間的に互い違いに配列したスピン状態秩序相が出現する．2種類の励起子絶縁相は，低スピン状態相と接するものを EIQ 相，高スピン状態相に接するものを EIM 相と記してある．それぞれの相における波動関数は $|L\rangle$ と $|H_\Gamma\rangle$ の線形結合で表される．同様なスピン1重項と3重項の量子力学的な重ね合わせ状態については，Ca_2RuO_4 においても提唱されている [213]．

励起子絶縁相の同定にはこれを特徴づける物理量の観測が不可欠である．図 8.5(a) に EIQ 相における磁気励起スペクトルの縦成分を示した．ここでスピンの動的相関関数は

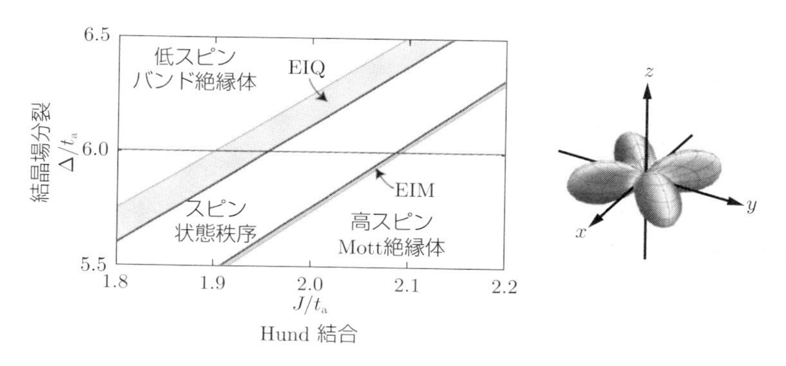

図 8.4 拡張 2 軌道 Hubbard 模型の有効模型による基底状態の相図（文献 [207]; J. Nasu, T. Watanabe *et al.*, 2016 より）．"EIQ" ならびに "EIM" は励起子絶縁相を示す．右図は EIQ 相における局所的な電荷とスピン分布の例．半径と色はそれぞれ電荷とスピンの空間分布を表す．

$$S^{\alpha\beta}(\mathbf{q},\omega) = \frac{1}{2\pi}\int_{-\infty}^{\infty} dt \langle S^{\alpha}_{\mathbf{q}}(t) S^{\beta}_{-\mathbf{q}}(0)\rangle \tag{8.5}$$

で定義され，$S^{\alpha}_{\mathbf{q}}$ は S^{α}_{i} の Fourier 変換である．磁気秩序におけるスピンの主軸を z 軸方向とすると $S^{xx(yy)}(\mathbf{q},\omega)$ は横成分，$S^{zz}(\mathbf{q},\omega)$ は縦成分とよばれる．EIQ 相ではスピン自由度に関する SU(2) 対称性が破れ Nambu-Goldstone モードとしてスピン波が出現する．通常の反強磁性秩序において磁気励起の主たる成分は横成分であり，縦成分はこれと比較して十分小さい．他方，励起子絶縁相では縦成分が顕著となることが図に示されている．励起子絶縁相における波動関数は $a|L\rangle + b|H_\Gamma\rangle$ で表されるように低スピン状態と高スピン状態の線形結合で表現されているため，その強度比 $|a|/|b|$ が変化する磁気励起が存在しこれが縦成分として表れる．これは秩序変数の振幅励起モードであり，超伝導における Higgs モードに対応する．スピン励起の縦成分は帯磁率の測定でも観測可能である．図 8.5(b) に絶対零度における横帯磁率 χ^{xx} と縦帯磁率 χ^{zz} を示した．EIQ 相と EIM 相においては，縦帯磁率が有限となり横帯磁率より大きくなることが示されている．このような特徴的な励起を観測することで励起子絶縁相の同定がなされることが期待されている．

$LaCoO_3$ において強磁場下の磁化測定がなされ，温度・磁場相図が得られている [図 8.6(a)] [214]．低温でおよそ 80 T から出現する B1 相とその高温でお

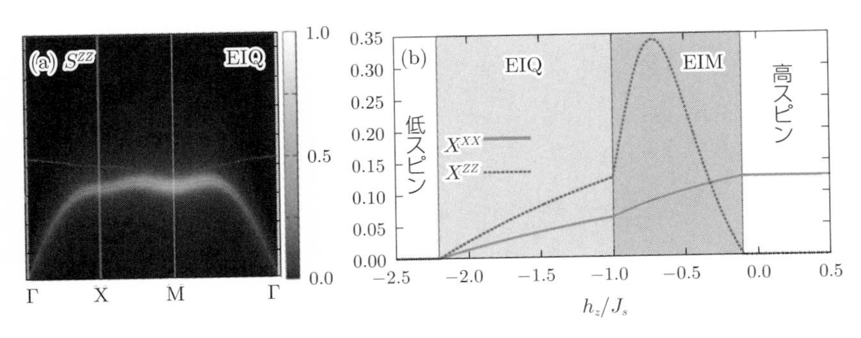

図 8.5　(a) 励起子絶縁相における動的スピン相関関数の縦成分．(b) 絶対零度における縦帯磁率 χ^{xx} と横帯磁率 χ^{zz}（文献 [207]; J. Nasu, T. Watanabe *et al.*, 2016 より）．

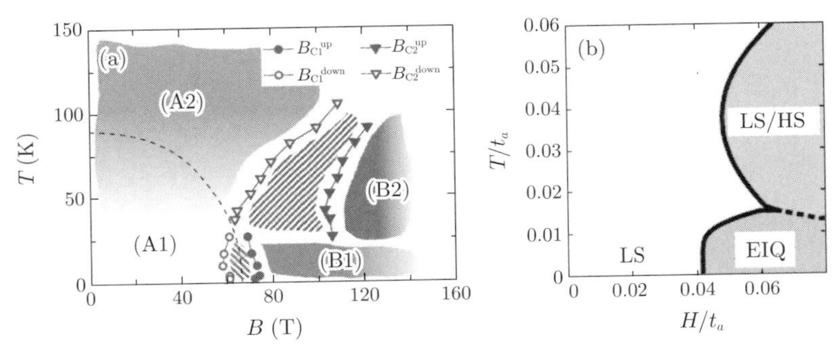

図 8.6　(a) $LaCoO_3$ における温度・磁場相図（文献 [214]; A. Ikeda, T. Nomura *et al.*, 2016 より）．(b) 拡張 2 軌道 Hubbard 模型の有効模型における温度・磁場相図（文献 [215]; T. Tatsuno, E. Mizoguchi *et al.*, 2016 より）．“LS” と “LS/HS” はそれぞれ低スピン相とスピン状態秩序相を表す．

よそ 110 T から出現する B2 相の 2 つの相が見出されている．特徴的なのは相境界の傾きが正 ($dB/dT > 0$) であることである．熱力学における Clausius-Clapeyron の関係式において（圧力，体積）を（磁場，磁化）に置き換えると，$dB/dT = -\Delta S/\Delta M$ が成り立つ．ここで ΔS と ΔM はそれぞれ，1 次転移に伴うエントロピーと磁化の変化である．実験結果は低スピン状態相から磁場誘起相に入ることでエントロピーが減少していることを意味し，この相で新しい秩序状態が出現していることが予想される．図 8.6(b) に有効模型の計算により得られた温度・磁場相図を示す [215,216]．低スピン状態相に磁場を印加することで低温では EIQ 相が，高温側ではスピン状態秩序相が出現するが，これは励起子絶縁相の波動関数に含まれる高スピン成分に起因している．実験により新たに見出された相は磁場誘起励起子絶縁相の可能性が高く，今後のさらなる測定と理論との比較が望まれる．

8.2 ダイマー型分子性固体と分子軌道自由度

軌道物理研究における最近の展開として，本節ではダイマー型構造を有する分子性固体における分子軌道自由度と特異な誘電性について紹介する．分子性固体では複数の原子が強く結合した分子が van der Waals 力により弱く結合することで結晶を形成しており，これが結晶構造や電子構造を理解するうえで単位となる．特に分子における最高占有分子軌道 (Highest Occupied Molecular Orbital: HOMO) と最低非占有分子軌道 (Lowest Unoccupied Molecular Orbital: LUMO) が低エネルギー領域の電子構造や輸送現象，磁性を議論する際に重要な役割を果たす．ここで取り上げるダイマー型分子性固体とは同種分子が対となることで結晶格子の一部をなす物質群であり，$(\mathrm{TMTTF})_2\mathrm{AsF}_6$ や κ-$(\mathrm{BEDT\text{-}TTF})_2\mathrm{X}$（X は 1 価イオン）などが代表的物質として挙げられる．ここで TMTTF や BEDT-TTF はそれぞれ，Tetramethyltetrathiafulvalene や Bis(ethylenedithio)tetrathiafulvalene とよばれる分子を表す．

図 8.7 に κ-$(\mathrm{BEDT\text{-}TTF})_2\mathrm{X}$ の結晶構造を示す．2 個の BEDT-TTF 分子が互いに向き合う形で分子二量体を形成し，これが三角格子状に配列している．BEDT-TTF 分子における HOMO は分子ダイマー構造のために結合軌道 (Bonding orbital) と反結合軌道 (Anti-bonding orbital) を形成し，これらが結晶内に規則的に配列すると結合軌道バンドと反結合軌道バンドを形成する．化学式からダイマー分子当たり形式的に 1 個のホールが存在することがわかるが，これは反結合軌道バンドがハーフ・フィリングであることを意味する．ここで電子間相互作用がバンド幅より十分大きい場合には，系は Mott 絶縁体となる．これは分子ダイマー構造を起源とする Mott 絶縁体であり “ダイマー Mott 絶縁体” とよばれている [図 8.7（右）] [218]．ダイマー型分子性固体では特に κ-$(\mathrm{BEDT\text{-}TTF})_2\mathrm{X}$ で

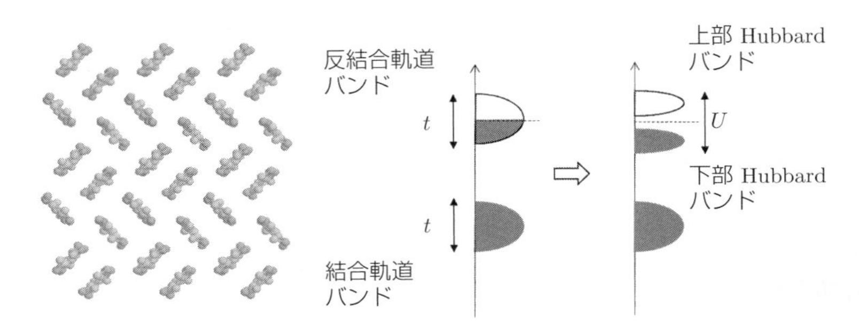

図 8.7 (左) κ-(BEDT-TTF)$_2$X の結晶構造. (右) ダイマー Mott 絶縁体と状態密度（文献 [217]; K. Kanoda, 2006 より）.

磁性, 輸送現象, 光学特性が詳細に調べられている. κ-(BEDT-TTF)$_2$Cu$_2$(CN)$_3$ では 32 mK まで磁気秩序が出現せず量子スピン液体状態が実現していると考えられており, また 3.5 GPa 程度の圧力下で超伝導が出現する [219]. これらの現象については, 反結合軌道バンドを基底にした三角格子上の Hubbard 模型やその強相関有効模型である Heisenberg 模型に基づいて多くの研究がなされている.

近年, この物質群において誘電率の温度依存性に特異な振舞いが見出された. 図 8.8(a) に κ-(BEDT-TTF)$_2$Cu$_2$(CN)$_3$ における 0.5 Hz から 1 MHz までの周波数帯における誘電率の温度依存性を示す [220,221]. 温度の低下に伴い 22 K 近傍に幅の広いピーク構造が現れ, 大きな周波数依存性が示されている. 同様の誘電率の振舞いは κ-(ET)$_2$Cu[N(CN)$_2$]Cl においても観測されている [図 8.8(b)]. このような誘電率の振舞いはリラクサー誘電体においてしばしば観測されており, 系に存在する電気双極子が時間的空間的に揺らいでいることを示唆している. これらの誘電率の実験結果を解釈するために “ダイマー双極子” の概念が提唱された. これは BEDT-TTF 分子二量体内に存在する電子が 2 つの BEDT-TTF 分子の片側に偏ることで電気双極子を生成するものである. 通常の変位型強誘電体においてはイオン格子の変位が電気分極を担うのに対し, ここでは電子の電荷分布の偏極が電気分極を生成しており, “電子型強誘電体” [222,223] とよばれている. ダイマー双極子の存在についてはいくつかの実験検証が行われているが, 現在までにその確実な結論には至っていない. もし分子二量体内で静

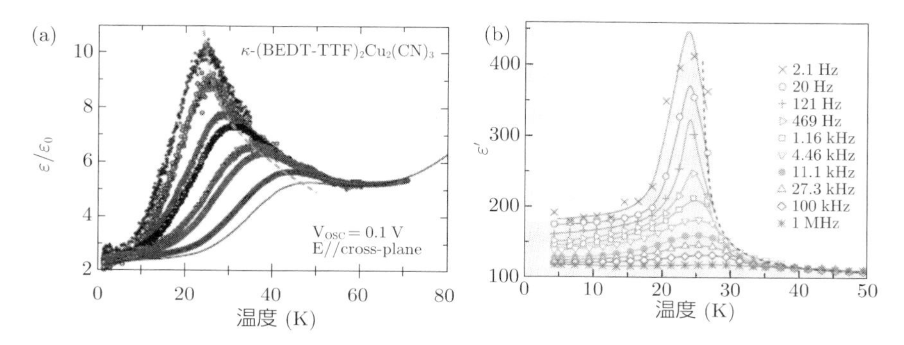

図 8.8 (a) κ-(BEDT-TTF)$_2$Cu$_2$(CN)$_3$ ならびに (b) κ-(ET)$_2$Cu[N(CN)$_2$]Cl における誘電率の温度変化（文献 [220, 221]; 順に M. Abdel-Jawad, I. Terasaki *et al.*, 2010, P. Lunkenheimer, J. Muller *et al.*, 2012, より）.

的な電荷の偏りが存在する場合は，種々の分子振動スペクトルに影響を与える．κ-(BEDT-TTF)$_2$Cu$_2$(CN)$_3$ において ν_2 とよばれる分子振動モードの線幅が温度の低下とともに増大することが観測されており，電荷の揺らぎが低温で発達しているものと解釈されている [224]．様々な実験を総合的に判断すると，分子二量体内の電荷の偏りは静的な長距離秩序ではなく，時間的空間的に変動していると考えられている．また，観測されている低周波数領域の誘電率に対しては，分子の乱雑な配列や双極子ドメイン壁の運動が支配的であるとの解釈も提唱されている [225, 226]．

以下では，ダイマー双極子の考えに基づいた研究を軌道物理の観点から紹介する [227–230]．分子二量体に 1 個のホールもしくは電子が存在する場合，分子内の電荷自由度を取り扱うには 4.1 節で軌道自由度を記述する際に導入した擬スピン演算子を導入するのが便利である．1 個の分子二量体において右側（a 分子）ならびに左側の分子 (b 分子) の軌道が占有された状態をそれぞれ $|a\rangle, |b\rangle$ と記すと，結合分子軌道，反結合分子軌道はそれぞれ $|\beta\rangle = (|a\rangle + |b\rangle)/\sqrt{2}$ ならびに $|\alpha\rangle = (|a\rangle - |b\rangle)/\sqrt{2}$ となる．それぞれの軌道に対する生成演算子を $c^\dagger_{\alpha s}$ ならびに $c^\dagger_{\beta s}$ とし，これを基底として分子二量体内の電荷自由度を表す擬スピン演算子を次式で定義する．

$$\mathbf{Q} = \frac{1}{2}\sum_{\gamma\gamma' s} c^\dagger_{\gamma s}\sigma_{\gamma\gamma'}c_{\gamma' s} \tag{8.6}$$

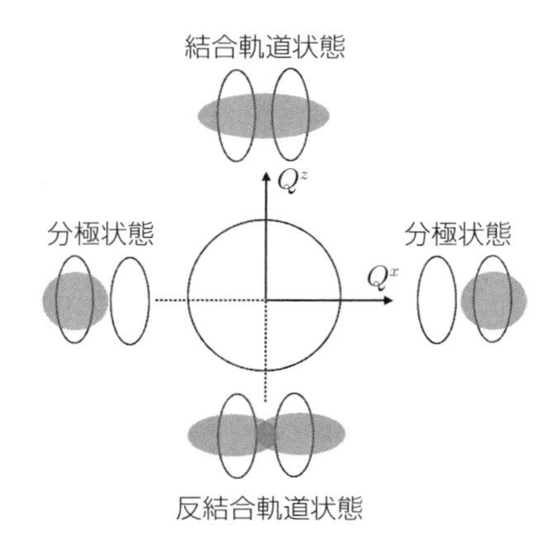

図 8.9　擬スピン演算子と分子二量体内の電子状態.

擬スピン演算子に対応する分子二量体の電子状態を図 8.9 に示す．$Q^z - Q^x$ 平面内で分子二量体に電荷の偏りのない結合軌道状態と反結合軌道状態，ならびに電荷の偏りのある分極状態が連続的に記述できる．また図 8.9 では示されていないが，Q^y は二量体内の分子間で電流が生じている状態を表す．

この系の電子状態を記述するために分子二量体を取り入れた拡張 Hubbard 模型

$$\mathcal{H} = -t_0 \sum_{is} \left(c^\dagger_{ias} c_{ibs} + h.c. \right) + U_0 \sum_{i\gamma} n_{i\gamma\uparrow} n_{i\gamma\downarrow} + V_0 \sum_{i} n_{ia} n_{ib} \\ - \sum_{\langle ij \rangle \gamma\gamma' s} t^{\gamma\gamma'}_{ij} \left(c^\dagger_{i\gamma s} c_{j\gamma' s} + h.c. \right) + \sum_{\langle ij \rangle \gamma\gamma'} V^{\gamma\gamma'}_{ij} n_{i\gamma} n_{j\gamma'} \tag{8.7}$$

を考察しよう．ここで $n_{i\gamma}$ $(= \sum_s c^\dagger_{i\gamma s} c_{i\gamma s})$ は分子軌道 γ の電子数演算子である．第 1 項は分子二量体内における電子遷移，第 2, 3 項は同一分子内ならびに分子二量体内の異なる分子における電子間相互作用である．最後の 2 項は隣接する分子二量体間の電子遷移と電子間相互作用を表す．第 1 項から第 3 項のエネルギーが残りの項と比較して十分大きい場合は，分子二量体内の電子数が 1 個の状態に制限して有効模型を導出することが妥当となる．4.4 節において 2 軌道 Hubbard 模型から有効模型を導出した方法と同様にして，上記の模型から次の有効模型

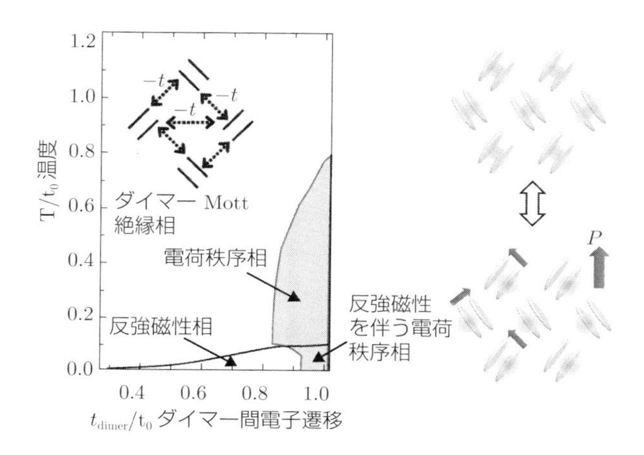

図 8.10 分子二量体系の有効模型による相図（文献 [227]; M. Naka and S. Ishihara, 2010 より）. 横軸は分子ダイマー間の電子遷移強度. 色の付いた領域は電気分極を伴う電荷秩序相. 右図はダイマー Mott 絶縁体状態と分極のある電荷秩序状態の電荷分布であり，矢印は電気双極子を示す.

$$\mathcal{H} = -2t_0 \sum_i Q_i^z + \sum_{\langle ij \rangle} W_{ij} Q_i^x Q_j^x + \sum_m \mathcal{H}_{Jm} \tag{8.8}$$

を得られる [228, 229]. 第 1, 2 項はそれぞれ式 (8.7) の第 1 項と第 5 項に相当し，第 3 項が摂動過程により導出された項である. ここでは，その主要な 1 項を示すにとどめておく.

$$\begin{aligned}\mathcal{H}'_{Jm} = &-\sum_{\langle ij \rangle} \left(\frac{1}{4} - \mathbf{S}_i \cdot \mathbf{S}_j \right) \Bigg[\sum_{\gamma,\gamma'=(\alpha,\beta)} J_{ij}^{\gamma\gamma'} n_{i\gamma} n_{j\gamma'} \\ &+ \sum_{\nu,\nu'=(+,-)} J_{ij}^{\nu\nu'} Q_i^{\nu} Q_j^{\nu'} + \sum_{\gamma=(\alpha,\beta)} \left(J_{ij}^{x\gamma} Q_i^x n_{j\gamma} + J_{ij}^{\gamma x} n_{i\gamma} Q_j^x \right) \Bigg]\end{aligned} \tag{8.9}$$

上式で $Q_i^{\pm} = Q_i^x \pm i Q_i^y$ であり，$J_{ij}^{\gamma\gamma'}$ 等は相互作用定数である. 式 (8.9) はスピン部分と擬スピン部分の積で表されており，式 (4.44) の Kugel-Khomskii 模型と同様な形式であることがわかる.

この模型により求められた相図を図 8.10 に示す [227]. 図の横軸は異なる分子二量体間の電子遷移積分 (t_{inter}) であり，この増大は擬スピン間相互作用の増大を意味しダイマー双極子の出現を誘起する. t_{inter} の増大によりダイマー Mott

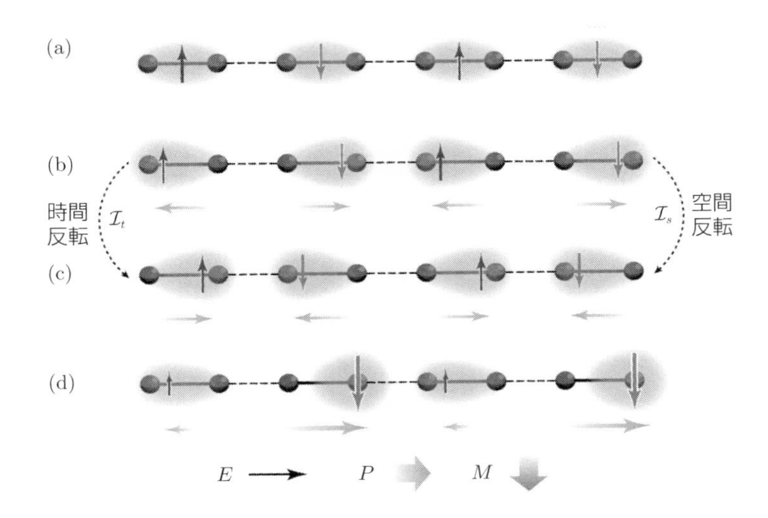

図 8.11　分子二量体と電気磁気効果（文献 [238]; M. Naka and S. Ishihara, 2015 より）. (a) 電荷の偏りのない反強磁性状態. (b) 反強誘電・反強磁性状態. (c) (b) に時間反転操作 $\mathcal{I}_t$ もしくは空間反転操作 $\mathcal{I}_s$ を施した状態. (d) (b) の状態に電場を印加した状態.

絶縁体状態からダイマー双極子が出現する電荷秩序相への 2 次転移が生じ，後者ではダイマー双極子によるキャント型強誘電相となる．低温では反強磁性相が出現するが，この転移温度と強誘電転移温度が交差する近傍で 2 つの相境界が避け合うのが示されている．これは，式 (8.9) におけるスピンと擬スピン間の相互作用により，2 つの相が排他的であることに起因している．ダイマー Mott 相と電荷秩序相の間の相転移は，擬 1 次元有機導体 $(\mathrm{TMTTF})_2X$ においても 1 次元格子模型により詳しく調べられている [231–235]．そこではボソン化法や繰り込み群法による解析によりこれが量子相転移であること，相境界で誘電率が発散的に増大することが示されている．また，ダイマー内電荷揺らぎに起因すると考えられる特異な光学応答も観測されている [236, 237].

分子二量体内の電荷自由度が磁性と誘電性に大きな役割を果たす系では，以下のような特異な電気磁気効果が期待される [238]．まず，図 8.11 に示した分子二量体が 1 次元鎖上に配列した格子を考えて対称性の考察を行うことにしよう．図 8.11(a), (b) はそれぞれダイマー Mott 絶縁相とダイマー双極子に起因し

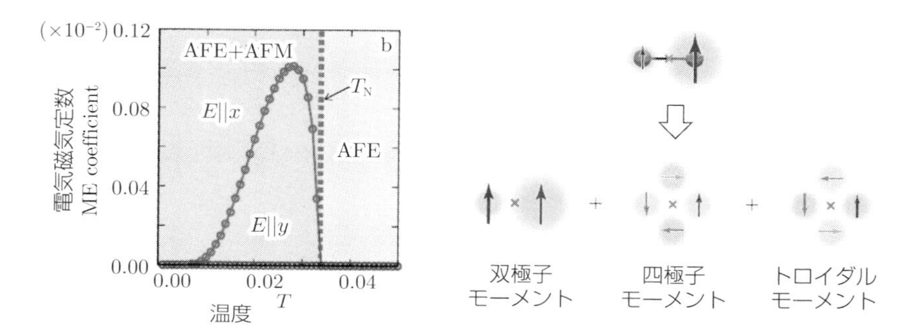

図 8.12 分子二量体系の有効模型による電気磁気効果の温度依存性（文献 [238]; M. Naka and S. Ishihara, 2015 より）．右図はダイマー内の電荷・スピン状態と双極子モーメント，四極子モーメント，トロイダル・モーメントの関係．“AFE”と“AFM”はそれぞれ反強誘電相と反強磁性相を表す．

た反強誘電相であり，ここでは反強磁性状態を想定している．状態 (b) に時間反転操作 $\mathcal{I}_t$ もしくは空間反転操作 $\mathcal{I}_s$ のいずれかを施すと状態 (c) になり，状態 (b) はこれらの操作に対して不変ではない．他方，状態 (b) に時間反転操作と空間反転操作を同時に施すと状態 (b) に戻り，状態 (b) は操作 $\mathcal{I}_t\mathcal{I}_S$ に対して不変である．このような場合には自由エネルギーに磁化 M と電気分極 P の結合項 MP が存在し，線形の電気磁気効果が期待できる．状態 (b) の 1 次元鎖方向 (紙面右方向) に電場 E を印加したときの電子状態を図 8.11(d) に示す．分子二量体内の電気双極子が E と同じ向きにあるダイマーではこれが増大し，逆向きのダイマーでは減少する．これに付随して上向きスピンと下向きスピンが非等価となり両者の差が磁化として表れる．

式 (8.9) の有効模型に基づいて計算された電気磁気定数 $\alpha_{\mu\nu} = dM_\mu/dE_\nu|_{E=0}$ の温度依存性を図 8.12 に示す．温度の低下により反強誘電秩序を伴う電荷秩序相から，これと反強磁性秩序との共存相に転移し，電気磁気定数が低温相で出現する．電気磁気定数は絶対零度に向かって消失するが，これはスピン揺らぎが電気磁気効果の起源であることを意味している．ここで紹介した電気磁気効果の背後には電気磁気多極子が主要な役割を果たしている．図 8.12 に示したように，分子二量体におけるダイマー双極子を考える．この電荷分布は双極子と四極子に分離でき，磁気分布は双極子と四極子に加えてトロイダル・モーメン

トに分離できる．ここで磁気トロイダル・モーメントは i 番目の構成要素の座標ベクトルを $\mathbf{r}_i$，スピン演算子を $\mathbf{S}_i$ として $\mathbf{T} = \sum_i \mathbf{r}_i \times \mathbf{S}_i$ で定義される．多極子の観点では系の電気磁気効果はこの磁気トロイダル・モーメントが担っている．今後，理論と実験との詳細な比較により κ-(BEDT-TTF)$_2X$ における電気磁気効果の検証が期待されている．

8.3　軌道物理学の今後の展望

本書の最後の節として，これまでは触れることのできなかった話題と軌道物理研究の今後の展望について簡単に触れる．

まず強い外場により生じる軌道自由度のダイナミクスや非平衡軌道物理の研究について触れることにしよう．近年の超高速・高強度レーザー技術やコヒーレント X 線源の急速な進展により，固体における電子の高速ダイナミクスの研究が著しく発展した [239–241]．特に強相関電子系においては多数の自由度や相互作用が拮抗することで多彩な実時間ダイナミクスが発現し，これに加えて非平衡状態でのみ実現する "隠れた状態" が見出されている．軌道縮退系の非平衡状態の研究は単に熱平衡状態では実現しない新奇な軌道状態の探索にとどまらず，軌道秩序や揺らぎの起源を探るうえで重要な情報を与える．第 4 章で紹介したように，軌道秩序に関して電子の仮想遷移による交換相互作用とフォノンのそれによる協力的 Jahn-Teller 効果に起因する相互作用は協力的に働くため，通常の平衡状態における実験により両者を分離することは難しい．実時間ダイナミクスを利用することで両者を分離することができ，軌道秩序の主原因を同定することが可能となる．この手法は軌道秩序転移のみならず励起子絶縁体転移，電荷秩序転移，Mott-Stoner 転移などにも適用することが可能である．

応用上期待される課題として表面・界面の軌道構造と機能に関する研究について簡単に触れる．表面・界面では強い空間反転対称性の破れと強い格子歪みの効果により，バルクとは大きく異なる軌道構造と時間的空間的揺らぎが生じる．そこに閉じ込められた 2 次元電子や反転対称性破れによる強いスピン軌道相互作用との相乗効果により新規な電子状態が期待される．これはヘテロ超格子における界面や薄膜表面の物性を支配し，低次元伝導や磁性，光機能や触媒機能に大きな影響を与える．表面・界面の軌道構造を測定する実験手法は，放射光施設における X 線の強度やコヒーレンスの飛躍的な増大，空間の微小領域における測定技術の開発により大きく進展している．多体電子計算や第一原理計算と協力することで，今後この分野の大きな展開が期待できる．

基礎的課題として重要で今後の展開が期待されるが本書では十分に触れることのできなかった問題として，軌道縮退系や軌道模型の量子計算への応用研究がある．量子コンピュータではその単位である量子ビット（キュビット）を担う大きさ 1/2 のスピン配列に対して，その熱的な擾乱によるエラーをいかに修復するかが大きな課題である．第 4 章で紹介した軌道コンパス模型や Kitaev 模型における局所的ゲージ対称性や局所保存量の存在はトポロジカル不変性やトポロジカル秩序と深く関係しており，この問題に大きな役割を果たすものと期待されている．一般に Landau の相転移理論で記述されるような巨視的な自発的対称性の破れが起きなくても非局所的なトポロジーに関する秩序の発生が可能であり，これはトポロジカル秩序とよばれている [242]．Kitaev 模型は，元来量子コンピュータに対する 1 つの模型として考えられた数理模型であるが，これが現実の遷移金属酸化物と結びついた点に大きな進展があった．今後は実験による検証や理論研究が進むことで物質科学と量子計算科学が一体となって研究が展開されることが期待される．

本書では軌道物理の基本的な事柄を中心に記述したが，紙面の都合と著者の力量不足のために多くの興味深い話題に触れることができなかった．例えば軌道秩序相において導入された不純物の問題は新たなパーコレーションの可能性を秘めており，不純物誘起磁性転移やフラクタル構造の可能性が指摘されている．本書を通して軌道自由度は方向性の自由度であることを強調した．これが隣り合う複数個のイオンの軌道と向き合うように配列することで結合ボンドの強弱が生じボンド秩序が形成され，固体内に三量体や四量体構造が形成されることが V 酸化物等で見出されている．このような“軌道分子”というべき実空間で生じる自己組織化現象は，固体内の相関電子が示す一形態として興味深い話題を提供している．伝導電子と軌道自由度との相互作用についてもあまり触れることができなかった．これは超伝導の引力相互作用の起源として大きな話題となっているとともに，多チャンネル近藤効果における非 Fermi 液体の可能性を示唆している．Mott 転移における軌道自由度の興味深い話題として軌道選択 Mott 転移が挙げられる．これは，2 次元系における d_{xy} 軌道バンドと d_{yz} 軌道ならびに d_{zx} 軌道バンドのようにバンド幅の異なる複数のバンドが存在する場合，Mott 転移が生じる条件がバンドにより異なるかという問題提起である．Ru 酸化物の実験と理論計算により，精力的な研究が展開されており，今後の進展が期待される．

参考文献

[1] 上村 洸・菅野 暁・田辺行人,「配位子場理論とその応用」, 裳華房 (1969).
[2] 津田惟雄・那須奎一郎・藤森 淳・白鳥紀一,「電気伝導性酸化物」, 裳華房 (1983).
[3] 上田和夫・大貫惇睦,「重い電子系の物理」, 裳華房 (1998).
[4] 斯波弘之,「電子相関の物理」, 岩波書店 (2001).
[5] 十倉好紀,「強相関電子と酸化物」, 岩波書店 (2002).
[6] 有馬孝尚,「マルチフェロイクス」, 共立出版 (2014).
[7] 勝藤拓郎,「基礎から学ぶ強相関電子系」, 内田老鶴圃 (2017).
[8] 楠瀬博明,「スピンと軌道の電子論」, 講談社 (2019).
[9] 柳瀬陽一・播磨尚朝, 固体物理, **46**, 229 (2011), **46**, 283 (2011), **47**, 101 (2012).
[10] S. Maekawa, T. Tohyama, S. E. Barnes, S. Ishihara, W. Koshibae, and G. Khaliullin, "Physics of Transition Metal Oxides", Springer-Verlag (2004).
[11] Y. Murakami and S. Ishihara ed. "Resonant x-ray scattering in correlated systems", Springer-Verlag (2017).
[12] D. I. Khomskii "Transition Metal Compounds", Cambridge University Press (2014).
[13] M. Imada, Y. Tokura, and A. Fujimori, Rev. Mod. Phys. **70**, 1039 (1998).
[14] C. Schwartz, Phys, Rev. **97** 380 (1955).
[15] V. Savinov, V. A. Fedotov, and N. I. Zheludev, Phys. Rev. B **89**, 205112 (2014).
[16] S. Hayami and H. Kusunose, J. Phys. Soc. Jpn. **87**, 033709 (2018).
[17] R. S. Mulliken, Phys. Rev. **41**, 49 (1932).
[18] J. C. Slater, Phys. Rev. **36**, 57 (1930).
[19] J. C. Slater and G. F. Koster, Phys. Rev. **94**, 1498 (1954).

[20] 朝永振一郎,「スピンはめぐる—成熟期の量子力学—」, 中央公論社 (1974).
[21] 高橋　康,「物性研究者のための場の量子論 I」, 培風館 (1974).
[22] 大貫義郎,「場の量子論」, 岩波書店 (1994).
[23] H. Umezawa,「場の量子論」, 培風館 (1995).
[24] 永長直人,「物性論における場の量子論」, 岩波書店 (1996).
[25] W. Heisenberg and W. Pauli, Zeits, f. Phys. **56** 1, (1929), ibid. Zeits, f. Phys. **59** 168, (1929).
[26] 桜井　純,「現代の量子力学」, 朝倉書店 (1989).
[27] 倉辻比呂志,「幾何学的量子力学」, シュプリンガー・フェアラーク東京 (2005).
[28] 齊藤英治・村上修一,「スピン流とトポロジカル絶縁体」, 共立出版 (2014).
[29] R. Resta, J. Phys.: Condens. Matter **12**, R107 (2000).
[30] M. Berry, Proc. R. Soc. London A **392**, 45, (1984).
[31] A. Bohm, A. Mostafazadeh, H. Koizumi, Q. Niu, and J. Zwanziger, "The geometrical phase in quantum systems", Springer-Verlag (2003).
[32] C. A. Mead and D. G. Truhlar, J. Chem. Phys. **70**, 2284 (1979).
[33] B. R. Holstein, Am. J. Phys. **57**, 1079 (1989).
[34] 高田康民,「多体問題」, 朝倉書店 (1999).
[35] M. D. Kaplan and B. G. Vekhter, "Cooperative Phenomena in Jahn-Teller Crystal", Plenum Press (1995).
[36] H. A. Jahn and E. Teller, Proc. Roy. Soc. London A **161**, 220 (1937).
[37] ランダウ・リフシッツ,「量子力学 2」, 東京図書 (1983).
[38] L. I. Korovin and E. K. Kudinov, Sov. Phys. Sol. Stat. **15**, 826 (1973).
[39] J. van den Brink and D. I. Khomskii, Phys. Rev. B **63**, 140416(R) (2001).
[40] G. M. Copland and P. M. Levy, Phys. Rev. B **1**, 3043 (1970).
[41] L. I. Korovin and E. K. Kudinov, Sov. Phys. Sol. Stat. **16**, 1666 (1975).
[42] H. Shiba, O. Sakai, and R. Shiina, J. Phys. Soc. Jpn. **68**, 1988 (1999).
[43] 解説として;楠瀬博明, 物性研究, **97**, 730 (2012).
[44] J. H. de Boer and E. J. W. Verwey, Proc. Phys. Soc. A **49**, 59 (1937).
[45] 解説として;モット,「金属と非金属の物理」, 丸善株式会社 (1996).
[46] N. F. Mott and R. Peierls, Proc. Phys. Soc. **49**, 72 (1937).
[47] N. F. Mott, Proc. Phys. Soc. A **62**, 416 (1949).
[48] J. Hubbard, Proc. Roy. Soc. (London) A **276**, 238 (1963).

[49] A. Fujimori and F. Minami, Phys. Rev. B **30**, 957 (1984).
[50] J. Zaanen, G. A. Sawatzky, and J. W. Allen, Phys. Rev. Lett. **55**, 418 (1985).
[51] J. -Y. Delannoy, M. J. P. Gingras, P. C. W. Holdsworth, and A. -M. S. Tremblay, Phys. Rev. B **72**, 115114 (2005).
[52] J. H. Van Vleck, Rev. Mod. Phys. **25**, 220 (1953).
[53] J. B. Goodenough, J. Phys. Chem. Sol. **6**, 287 (1958).
[54] J. Kanamori, J. Phys. Chem. Sol. **10**, 87 (1959).
[55] J. Hubbard, Proc. Roy. Soc. (London) A **277**, 237 (1964).
[56] P. W. Anderson, Phys. Rev. **115**, 2 (1959).
[57] L. M. Roth, Phys. Rev. **149**, 306 (1966).
[58] K. I. Kugel and D. I. Khomskii, Sov. Phys. JETP Lett. **15**, 446 (1972).
[59] K. I. Kugel and D. I. Khomskii, Sov. Phys. JETP **37**, 725 (1973).
[60] M. Cyrot and C. Lyon-Caen, Le J. de Phys. **36**, 253 (1975).
[61] S. Inagaki, J. Phys. Soc. Jpn. **39**, 596 (1975).
[62] S. Ishihara, J. Inoue, and S. Maekawa, Phys. Rev. B **55**, 8280 (1997).
[63] L. F. Feiner and A. M. Oleś, Phys. Rev. B **59**, 3295 (1999).
[64] R. Shiina, T. Nishitani, and H. Shiba, J. Phys. Soc. Jpn. **66**, 3159, (1997).
[65] I. Affleck, Nucl. Phys. B **265**, 409 (1986).
[66] G. V.Uimin, JETP Lett, **12**, 225 (1970).
[67] N. Fukushima and Y. Kuramoto, J. Phys. Soc. Jpn. **71**, 1238 (2002).
[68] N Kawashima and Y. Tanabe, Phys. Rev. Lett. **98**, 057202 (2007).
[69] M. G. Yamada, M. Oshikawa, and G. Jackeli, Phys. Rev. Lett. **121**, 097201 (2018).
[70] Y. Yamashita, N. Nishitani, and K. Ueda, Phys. Rev. B **58**, 9114 (1998).
[71] Y. Q. Li, M. Ma, D. N. Shi, and F. C. Zhang, Phys. Rev. B **60**, 12781 (1999).
[72] S. Ishihara and S. Maekawa, Phys. Rev. B **62**, 2338 (2000).
[73] C. D. Batista and Z. Nussinov, Phys. Rev. B **72**, 045137 (2005).
[74] M. Biskup, L. Chayes, and Z. Nussinov, Comm. Math. Phys. **255** 253 (2005).
[75] M. V. Mostovoy and D. I. Khomskii, Phys. Rev. Lett. **92**, 167201 (2004).

[76] Z. Nussinov and J. van den Brink, Rev. Mod. Phys. **87**, 1 (2015).
[77] A. Y. Kitaev, Ann. Phys. **303**, 2 (2003).
[78] A. Y. Kitaev, Ann. Phys. **321**, 2 (2006).
[79] G. Jackeli and G. Khaliullin, Phys. Rev. Lett. **102**, 017205 (2009).
[80] 解説として；求　幸年，日本物理学会誌 **12**, 852 (2017).
[81] K. I. Kugel and D. I. Khomskii, Sov. Phys. Solid State **17**, 285 (1975).
[82] G. Khaliullin and S. Maekawa, Phys. Rev. Lett. **85**, 3950 (2000).
[83] M. Mochizuki and M. Imada, J. Phys. Soc. Jpn. **69**, 1982 (2000).
[84] S. Ishihara, T. Hatakeyama, and S. Maekawa, Phys. Rev. B **65**, 064442 (2002).
[85] G. Khaliullin and S. Okamoto, Phys. Rev. Lett. **89**, 167201 (2002).
[86] G. H. Jonker and J. H. Van Santen, Physica, **16**, 337 (1950).
[87] C. Zener, Phys. Rev. **82**, 403 (1951).
[88] P. W. Anderson and H. Hasegawa, Phys. Rev. **100**, 675 (1955).
[89] P. -G. de Gennes, Phys. Rev. **118**, 141 (1960).
[90] 解説として；Y. Tokura, “Colossal Magnetoresistance Oxides”, Gordon and Breach (2000).
[91] E. Muller-Hartmann and E. Dagotto, Phys. Rev. B **54**, R6819 (1996).
[92] P. Matl, N. P. Ong, Y. F. Yan, Y. Q. Li, D. Studebaker, T. Baum, and G. Doubinina, Phys. Rev. B **57**, 10248 (1998).
[93] J. Ye, Y. B. Kim, A. J. Millis, B. I. Shraiman, P. Majumdar, and Z. Tesanovich, Phys. Rev. Lett. **83**, 3737 (1999).
[94] K. Ohgushi, S. Murakami, and N. Nagaosa, Phys. Rev. B **62**, R6065 (2000).
[95] E. L. Nagaev, Phys. Status Solidi B **186**, 9 (1994).
[96] S. Yunoki, J. Hu, A. L. Malvezzi, A. Moreo, N. Furukawa, and D. E. Dagotto, Phys. Rev. Lett. **80**, 845 (1998).
[97] 解説として；S. Ishihara, J. Phys. Soc. Jpn. **76**, 083703 (2007).
[98] M. Fiebig, K. Miyano, Y. Tomioka, and Y. Tokura, Science **280**, 1925 (1998).
[99] Y. Kanamori, H. Matsueda, and S. Ishihara, Phys. Rev. Lett. **103**, 267401 (2009).

[100] W. Koshibae, N. Furukawa, and N. Nagaosa, Phys. Rev. Lett. **103**, 266402 (2009).

[101] A. Ono and S. Ishihara, Phys. Rev. Lett. **119**, 207202 (2017).

[102] J. D. Dunitz and L. E. Orgel J. Phys. Chem. Solids, **3**, 20 (1957).

[103] J. Kanamori, J. Appl. Phys. **31**, 14S (1960).

[104] M. Kataoka and J. Kanamori, J. Phys. Soc. Jpn. **32**, 113 (1972).

[105] S. Okamoto, S. Ishihara, and S. Maekawa, Phys. Rev. B **65**, 144403 (2002).

[106] S. Kadota, I. Yamada, S. Yoneyama, and K. Hirakawa, J. Phys. Soc. Jpn. 23, 751 (1967).

[107] A. I. Liechtenstein, V. I. Anisimov, and J. Zaanen, Phys. Rev. B **52** R5467 (1995).

[108] E. Pavarini and E. Koch, Phys. Rev. Lett. **101**, 266405 (2008).

[109] E. Pavarini and E. Koch Phys. Rev. Lett. **104**, 086402 (2010).

[110] L. F. Feiner, A. M. Oleś, and J. Zaanen, Phys. Rev. Lett. **78** 2799 (1997).

[111] G. Khaliullin and V. Oudovenko, Phys. Rev. B **56** R14243 (1997).

[112] L. F. Feiner, A. M. Oleś, and J. Zaanen, J. Phys.: Condens. Matter **10**, L555 (1998).

[113] G. Khaliullin and R. Kilian, J. Phys.: Condens. Matter **11**, 9757 (1999).

[114] H. Kuwahara, T. Okuda, Y. Tomioka, T. Kimura, A. Asamitsu, and Y. Tokura, MRS Symposia Proceedings **494** Material Research Society, Pittsburgh, (1998).

[115] R. Maezono, S. Ishihara, and N. Nagaosa, Phys. Rev. B **58**, 11583 (1998).

[116] S. Okamoto, S. Ishihara, and S. Maekawa Phys. Rev. B **61**, 14647 (2000).

[117] S. Ishihara, M. Yamanaka, and N. Nagaosa, Phys. Rev. B **56**, 686 (1997).

[118] S. Yunoki, A. Moreo, and E. Dagotto, Phys. Rev. Lett. **81**, 5612 (1998).

[119] S. Okamoto, S. Ishihara, and S. Maekawa, Phys. Rev. B **61**, 451 (2000).

[120] Z. Nussinov, M. Biskup, L. Chayes, and J. van den Brink, Europhys. Lett. **67**, (2004).

[121] N. D. Mermin and H. Wagner, Phys. Rev. Lett. **17**, 1133 (1966).

[122] T. Tanaka and S. Ishihara, Phys. Rev. B **79**, 035109 (2009).

[123] 解説として：A. M. Tsvelik, “Quantum Field Theory in Condensed Matter

Physics", Cambridge University Press (1995).

[124] K. Kubo, J. Phys. Soc. Jpn. **71**, 1308 (2002).

[125] Z. Nussinov and E. Fradkin, Phys. Rev. B **71**, 195120 (2005).

[126] J. Dorier, F. Becca, and F. Mila, Phys. Rev. B **72**, 024448 (2005).

[127] S. Elitzur, Phys. Rev. D **12**, 3978 (1975).

[128] A. Mishra, M. Ma, F. -C. Zhang, S. Guertler, L.-H. Tang, and S. Wan, Phys. Rev. Lett. **93**, 207201 (2004).

[129] T. Tanaka and S. Ishihara, Phys. Rev. Lett. **98**, 256402 (2007).

[130] P. M. Levy, J. Phys. C: Solid State Phys. **6**, 3545 (1973).

[131] 解説として；後藤輝孝，固体物理，**25**, 1 (1990).

[132] 解説として；S. W. Lovesey, "Theory of Neutron Scattering from Condensed Matter vol. 2", Oxford University Press (1984).

[133] 解説として；遠藤康夫,「中性子散乱」，朝倉書店 (2012).

[134] Y. Ito and J. Akimitsu, J. Phys. Soc. Japan **40**, 1333 (1976).

[135] J. Akimitsu, H. Ichikawa, N. Eguchi, T. Miyano, M. Nishi, and K. Kakurai, J. Phys. Soc. Jpn. **70**, 3475 (2001).

[136] H. Ichikawa, L. Kano, M. Saitoh, S. Miyahara, N. Furukawa, J. Akimitsu, T. Yokoo, T. Matsumura, M. Takeda, and K. Hirota, J. Phys. Soc. Jpn. **74**, 1020 (2005).

[137] M. Takata, E. Nishibori, K. Kato, M. Sakata, and Y. Moritomo, J. Phys. Soc. Jpn. **68**, 2190 (1999).

[138] K. Sugawara, K. Sugimoto, T. Fujii, T. Higuchi, N. Katayama, Y. Okamoto, and H. Sawa, J. Phys. Soc. Jpn. **87**, 024601 (2018).

[139] R. Kiyanagi, A. Kojima, T. Hayashide, H. Kimura, M. Watanabe, Y. Noda, T. Mochida, T. Sugawara, and S. Kumazawa, J. Phys. Soc. Jpn. **72** 2816 (2003).

[140] J. J. Sakurai, "Advanced Quantum Mechanism", Addison-Wesley (1967).

[141] M. Blume, in "Resonant anomalous X-ray scattering", Elsevier (1994).

[142] S. W. Lovesey and S. P. Collins, "X-ray scattering and absorption by magnetic materials", Oxford Science Publications (1996).

[143] 散乱問題に関しては代表的な教科書として；砂川重信,「散乱の量子論」，岩波書店 (1977).

[144] 解説として；早稲田嘉夫・松原英一郎,「X 線構造解析」, 内田老鶴圃 (1998).
[145] D. H. Templeton, Acta Cryst. **8**, 842 (1955).
[146] D. H. Templeton and L. K. Templeton, Acta Cryst. **A36**, 237 (1980).
[147] D. H. Templeton and L. K. Templeton, Acta Cryst. **A38**, 62 (1982).
[148] V. E. Dmitrienko, Acta. Cryst. A**39**, 29 (1983).
[149] Y. Murakami, H. Kawada, H. Kawata, M. Tanaka, T. Arima, H. Moritomo, and Y. Tokura, Phys. Rev. Lett. **80**, 1932 (1998).
[150] Y. Murakami, J. P. Hill, D. Gibbs, M. Blume, I. Koyama, M. Tanaka, H. Kawata, T. Arima, Y. Tokura, K. Hirota, and Y. Endoh, Phys. Rev. Lett. **81**, 582 (1998).
[151] L. Paolasini, C. Vettier, F. de Bergevin, F. Yakhou, D. Mannix, A. Stunault, and W. Neubeck, Phys. Rev. Lett. **82**, 4719 (1999).
[152] S. Ishihara and S. Maekawa, Phys. Rev. Lett. **80**, 3799 (1998).
[153] I. S. Elfimov, V. I. Anisimov, and G. A. Sawatzky, Phys. Rev. Lett. **82**, 4264 (1999).
[154] M. Takahashi, J. Igarashi, and P. Fulde, J. Phys. Soc. Jpn. **68**, 2530 (1999).
[155] M. Benfatto, Y. Joly, and C. R. Natoli, Phys. Rev. Lett. **83**, 636 (1999).
[156] S. Ishihara and S. Maekawa, Rep. Prog. Phys. **65**, 561 (2002).
[157] M. Fabrizio, M. Altarelli, and M. Benfatto, Phys. Rev. Lett. **80**, 3400 (1998).
[158] H. Nakao, Y. Wakabayashi, T. Kiyama, Y. Murakami, M. v. Zimmermann, J. P. Hill, D. Gibbs, S. Ishihara, Y. Taguchi, and Y. Tokura, Phys. Rev. B **66**, 184419 (2002).
[159] D. Mannix, Y. Tanaka, D. Carbone, N. Bernhoeft, and S. Kunii, Phys. Rev. Lett. **95**, 117206 (2005).
[160] J. A. Paixão, C. Detlefs, M. J. Longfield, R. Caciuffo, P. Santini, N. Bernhoeft, J. Rebizant, and G. H. Lander, Phys. Rev. Lett. **89**, 187202 (2002).
[161] T. Matsumura, T. Yonemura, K. Kunimori, M. Sera, F. Iga, T. Nagao, and J. I. Igarashi, Phys. Rev. B **85**, 174417 (2012).
[162] S. B. Wilkins, N. Stoji, T. A. W. Beale, N. Binggeli, C. W. M. Castle-

ton, P. Bencok, D. Prabhakaran, A. T. Boothroyd, P. D. Hatton, and M. Altarelli, Phys. Rev. B **71**, 245102 (2005).

[163] H. Wadati, J. Geck, E. Schierle, R. Sutarto, F. He, D. G. Hawthorn, M. Nakamura, M. Kawasaki, Y. Tokura, and G. A. Sawatzky, New J. Phys. **16**, 033006 (2014)

[164] B. J. Kim, H. Ohsumi, T. Komesu, S. Sakai, T. Morita, H. Takagi, and T. Arima, Science **323**, 1329 (2009).

[165] E. Saitoh, S. Okamoto, K. T. Takahashi, K. Tobe, K. Yamamoto, T. Kimura, S. Ishihara, S. Maekawa, and Y. Tokura, Nature **410**, pp. 180–183 (2001).

[166] S. Okamoto, S. Ishihara, and S. Maekawa, Phys. Rev. B **66**, 014435 (2002).

[167] S. Ishihara and S. Maekawa, Phys. Rev. B **62**, 2338 (2000).

[168] S. Ishihara, Phys. Rev. B **69**, 075118 (2004).

[169] J. van den Brink, Phys. Rev. Lett. **87**, 217202 (2001).

[170] P. B. Allen and V. Perebeinos, Phys. Rev. Lett. **83**, 4828 (1999).

[171] V. Perebeinos and P. B. Allen, Phys. Rev. B **64**, 085118 (2001).

[172] J. Nasu and S. Ishihara, Phys. Rev. B **88**, 205110 (2013).

[173] P. A. Fleury and R. Loudon, Phys. Rev. **166**, 514 (1968).

[174] R. J. Elliott and M. F. Thorpe, J. Phys. C **2**, 1630 (1969).

[175] B. S. Shastry and B. I. Shraiman Phys. Rev. Lett. **65**, 1068 (1990).

[176] J. Inoue, S. Okamoto, S. Ishihara, W. Koshibae, Y. Kawamura, and S. Maekawa, Physica B **237-238**, 51 (1997).

[177] E. Saitoh, K. T. Okamoto, K. Tobe, K. Yamamoto, T. Kimura, S. Ishihara, S. Maekawa, and Y. Tokura, Nature **418**, 40 (2001).

[178] M. Gruninger, R. Ruckamp, M. Windt, P. Reutler, C. Zobel, T. Lorenz, A. Freimuth, and A. Revcolevshi, Nature **418**, 39 (2002).

[179] R. Kruger, B. Schulz, S. Naler, R. Rauer, D. Budelmann, J. Backstrom, K. H. Kim, S. -W. Cheong, V. Pereveinos, and M. Rubhausen, Phys. Rev. Lett. **92**, 097203 (2004).

[180] S. Miyasaka, S. Onoda, Y. Okimoto, J. Fujioka, M. Iwama, N. Nagaosa, and Y. Tokura, Phys. Rev. Lett. **94**, 076405 (2005).

[181] C. Ulrich, A. Gossling, M. Gruninger, M. Guennou, H. Roth, M. Cwik, T. Lorenz, G. Khaliullin, and B. Keimer, Phys. Rev. Lett. **97**, 157401 (2006).

[182] D. Kawana, Y. Murakami, T. Yokoo, S. lto, A. T. Savich, G. E. Granrth, K. lkeuchi, H. Nakao, K. lwasa, R. Fukuta, S. Miyasaka, S. Taiima, S. lshihara, and Y. Tokura, Meeting Abstract of Japanese Physical Society Meeting **67**, 675 (2012).

[183] S. Ishihara, Y. Murakami, T. Inami, K. Ishii, J. Mizuki, K. Hirota, S. Maekawa, and Y. Endoh, New J. Phys. **7**, 119 (2005).

[184] M. van Veenendaal and M. W. Haverkort, Phys. Rev. B **77**, 224107 (2008).

[185] Y. Tanaka, A. Q. R. Baron, Y.-J. Kim, K. J. Thomas, J. P. Hill, Z. Honda, F. Iga, S. Tsutsui, D. Ishikawa, and C. S. Nelson, New J. Phys. **6**, 161 (2004).

[186] B. C. Larson, Wei Ku, J. Z. Tischler, Chi-Cheng Lee, O. D. Restrepo, A. G. Eguiluz, P. Zschack, and K. D. Finkelstein, Phys. Rev. Lett. **99**, 026401 (2007).

[187] A. Kotani and S. Shin, Rev. Mod. Phys. **73**, 203 (2001).

[188] L. J. P. Ament, M. van Veenendaal, T. P. Devereaux, J. P. Hill, and J. van den Brink, Rev. Mod. Phys. **83**, 705 (2011).

[189] J. Schlappa, K. Wohlfeld, K. J. Zhou, M. Mourigal, M. W. Haverkort, V. N. Strocov, L. Hozoi, C. Monney, S. Nishimoto, S. Singh, A. Revcolevschi, J.-S. Caux, L. Patthey, H. M. Ronnow, J. van den Brink, and T. Schmitt, Nature **485**, 82 (2012).

[190] K. Ishii, S. Ishihara, Y. Murakami, K. Ikeuchi, K. Kuzushita, T. Inami, K. Ohwada, M. Yoshida, I. Jarrige, N. Tatami, S. Niioka, D. Bizen, Y. Ando, J. Mizuki, S. Maekawa, and Y. Endoh, Phys. Rev. B **83**, 241101(R) (2011).

[191] Y. Tokura, Y. Okimoto, S. Yamaguchi, H. Taniguchi, T. Kimura, and H. Takagi, Phys. Rev. B **58**, R1699(R) (1998).

[192] T. Fujita, T. Miyashita, Y. Yasui, Y. Kobayashi, M. Sato, E. Nishibori, M. Sakata, Y. Shimojo, N. Igawa, Y. Ishii, K. Kakurai, T. Adachi, Y.

Ohishi, and M. Takata, J. Phys. Soc. Jpn. **73**, 1987 (2004).

[193] K. Tomiyasu, N. Ito, R. Okazaki, Y. Takahashi, M. Onodera, K. Iwasa, T. Nojima, T. Aoyama, K. Ohgushi, Y. Ishikawa, T. Kamiyama, S. Ohira - Kawamura, M. Kofu, and S. Ishihara, Advanced Quantum Technologies, 1800057 (2018).

[194] J. Kuneš and P. Augustinsky, Phys. Rev. B **89**, 115134 (2014).

[195] J. Kuneš and P. Augustinsky, Phys. Rev. B **90**, 235112 (2014).

[196] N. F. Mott, Philos. Mag. **6**, 287 (1961).

[197] L. V. Keldysh and A. N. Kozlov, Sov. Physics JETP **27**, 521 (1968).

[198] R. S. Knox, Solid State Phys., Suppl. 5 Academic Press, (1963).

[199] D. Jerome, T. M. Rice, and W. Kohn, Phys. Rev. **158**, 462 (1967).

[200] B. I. Halperin and T. M. Rice, Rev. Mod. Phys. **40**, 755 (1968).

[201] H. Ebisawa and H. Fukuyama, Prog. Theor. Phys. **42**, 512 (1969).

[202] Y. Kuramoto and C. Horie, Sol. Stat. Phys. **25**, 713 (1978).

[203] 解説として；太田幸則・金子竜也・杉本高大, 固体物理 **52**, 119 (2017).

[204] Y. Wakisaka, T. Sudayama, K. Takubo, T. Mizokawa, M. Arita, H. Namatame, M. Taniguchi, N. Katayama, M. Nohara, and H. Takagi, Phys. Rev. Lett. **103**, 026402 (2009).

[205] T. Kaneko, T. Toriyama, T. Konishi, and Y. Ohta, Phys. Rev. B **87**, 035121 (2013).

[206] J. Ishioka, Y. H. Liu, K. Shimatake, T. Kurosawa, K. Ichimura, Y. Toda, M. Oda, and S. Tanda, Phys. Rev. Lett. **105**, 176401 (2010).

[207] J. Nasu, T. Watanabe, M. Naka, and S. Ishihara, Phys. Rev. B **93**, 205136 (2016).

[208] L. Balents, Phys. Rev. B **62**, 2346 (2000).

[209] J. Kuneš, J. Phys.: Condens. Matter **27**, 333201 (2015).

[210] Y. Kanamori, H. Matsueda, and S. Ishihara, Phys. Rev. Lett. **107**, 167403 (2011).

[211] Y. Kanamori, J. Ohara, and S. Ishihara, Phys. Rev. B **86**, 045137 (2012).

[212] C. D. Batista, Phys. Rev. Lett. **89**, 166403 (2002).

[213] J. Chaloupka and G. Khaliullin, Phys. Rev. Lett. **116**, 017203 (2016).

[214] A. Ikeda, T. Nomura, S. Takeyama, Y. H. Matsuda, A. Matsuo, K. Kindo,

and K. Sato, Phys. Rev. B **93**, 220401(R) (2016).

[215] T. Tatsuno, E. Mizoguchi, J. Nasu, M. Nasu, and S. Ishihara, J. Phys. Soc. Jpn. **85**, 083706 (2016).

[216] A. Sotnikov and J. Kuneš, Sci. Rep. **6** 30510 (2016).

[217] K. Kanoda, J. Phys. Soc. Jpn. **75**, 051007 (2006).

[218] H. Kino and H. Fukuyama, J. Phys. Soc. Jpn. **64**, 1877 (1995).

[219] 解説として；K. Kanoda, J. Phys. Soc. Jpn. **75**, 051007 (2006).

[220] M. Abdel-Jawad, I. Terasaki, T. Sasaki, N. Yoneyama, N. Kobayashi, Y. Uesu, and C. Hotta, Phys. Rev. B **82**, 125119 (2010).

[221] P. Lunkenheimer, J. Muller, S. Krohns, F. Schrettle, A. Loidl, B. Hartmann, R. Rommel, M. de Souza, C. Hotta, J. A. Schlueter, and M. Lang, Nat. Mat. **11**, 755 (2012).

[222] S. Ishihara, J. Phys. Soc. Jpn. **79**, 011010 (2010).

[223] J.van den Brink and D. I. Khomskii, J. Phys.: Condens. Matter **20** 434217 (2008).

[224] K. Yakushi, K. Yamamoto, T. Yamamoto, Y. Saito, and A. Kawamoto, J. Phys. Soc. Jpn. **84**, 084711 (2015).

[225] K. Sedlmeier, S. Elsasser, D. Neubauer, R. Beyer, D. Wu, T. Ivek, S. Tomic, J. A. Schlueter, and M. Dressel, Phys. Rev. B **86**, 245103 (2012).

[226] H. Fukuyama, J. Kishine, and M. Ogata, J. Phys. Soc. Jpn. **86**, 123706 (2017).

[227] M. Naka and S. Ishihara, J. Phys. Soc. Jpn. **79**, 063707 (2010).

[228] C. Hotta, Phys. Rev. B **82**, 241104 (2010).

[229] H. Gomi, T. Imai, A. Takahashi, and M. Aihara, Phys. Rev. B **82**, 035101 (2010).

[230] S. Dayal, R. T. Clay, H. Li, and S. Mazumdar, Phys. Rev. B **83**, 245106 (2011).

[231] H. Seo and H. Fukuyama, J. Phys. Soc. Jpn. **66**, 1249 (1997).

[232] P. Monceau, F. Y. Nad, and S. Brazovskii, Phys. Rev. Lett. **86**, 4080 (2001).

[233] H. Yoshioka, M. Tsuchiizu, and H. Seo, J. Phys. Soc. Jpn. **76**, 103701 (2007).

[234] M. Tsuchiizu and E. Orignac, J. Phys. Chem. Sol. **63**, 1459 (2002).

[235] M. Tsuchiizu, H. Yoshioka, and Y. Suzumura, J. Phys. Soc. Jpn., **70**, 1460 (2001).

[236] K. Itoh, H. Itoh, M. Naka, S. Saito, I. Hosako, N. Yoneyama, S. Ishihara, T. Sasaki, and S. Iwai, Phys. Rev. Lett. **110**, 106401 (2013).

[237] M. Naka and S. Ishihara, J. Phys. Soc. Jpn. **82**, 023701 (2013).

[238] M. Naka and S. Ishihara, Scientific Report **6**, 20781 (2015).

[239] 岩井伸一郎,「多電子系の超高速光誘起相転移」, 共立出版 (2016).

[240] 腰原伸也・T. Luty,「光誘起構造相転移」, 共立出版 (2016).

[241] S. Ishihara, J. Phys. Soc. Jpn. **88**, 072001 (2019).

[242] X. G. Wen, Int. J. Phys. B **4**, 239 (1990).

索　引

英数字

あ

か

著者紹介

石原純夫（いしはら　すみお）

1995 年　東北大学大学院理学研究科修了 博士（理学）
1997 年　東北大学金属材料研究所 助手
2001 年　東京大学大学院工学系研究科 講師
2002 年　東北大学大学院理学研究科 助教授
（のちに准教授）
2012 年 – 現在　東北大学大学院理学研究科 教授

専　門　固体物性理論
主　著　『量子統計力学』共著（共立出版，2014）

基本法則から読み解く 物理学最前線 22

相関電子と軌道自由度

Correlated Electron and Orbital Degree of Freedom

2020 年 3 月 20 日　初版 1 刷発行

著　者　石原純夫 © 2020

監　修　須藤彰三
　　　　岡　真

発行者　南條光章

発行所　**共立出版株式会社**

東京都文京区小日向 4-6-19
電話　03-3947-2511（代表）
郵便番号　112-0006
振替口座　00110-2-57035
www.kyoritsu-pub.co.jp

印　刷
製　本　藤原印刷

検印廃止
NDC 428.4

ISBN 978-4-320-03542-3

一般社団法人
自然科学書協会
会員

Printed in Japan